Nagl

Der Marketingplan

Der Marketingplan

Die 10 Gebote des erfolgreichen Marketings

von

Prof. Dr. Anna Nagl

2. Auflage

C.H.BECK

Über die Autorin

Prof. Dr. Anna Nagl

Dr. Anna Nagl ist seit knapp 20 Jahren Professorin für Betriebswirtschaftslehre und leitet sowohl den berufsbegleitenden Masterstudiengang M.Sc. Vision Science and Business als auch das Kompetenzzentrum für innovative Geschäftsmodelle der Hochschule Aalen. Ihre Forschungsschwerpunkte liegen in den Bereichen Geschäftsmodelle, Strategie- und Marketingmanagement sowie empirische Forschung. Sie ist Autorin zahlreicher Veröffentlichungen. Bereits in der 8. Auflage ist ihr Standardwerk zum Thema „Der Businessplan. Geschäftspläne professionell erstellen, mit Checklisten und Fallbeispielen" erschienen. Als erfahrene Autorin und Unternehmensberaterin kennt Frau Professor Dr. Nagl die Herausforderungen in der Praxis und so finden sich auch in dem vorliegenden top aktuellen Marketingleitfaden viele Praxistipps und konkrete Lösungsvorschläge.

www.beck.de

ISBN 978-3-406-70298-3

Wilhelmstraße 9, 80801 München

Satz: Fotosatz Buck, Zweikirchener Str. 7, 84036 Kumhausen
Druck: Nomos Verlagsgesellschaft mbH & Co. KG, In den Lissen 12, 76547 Sinzheim
Umschlaggestaltung: Ralph Zimmermann – Bureau Parapluie
Bildnachweis: threecvet.gmail.com – depositphotos.com

Gedruckt auf säurefreiem, alterungsbeständigem Papier
(hergestellt aus chlorfrei gebleichtem Zellstoff)

So nutzen Sie dieses Buch

Um Ihnen das Lesen und Arbeiten mit diesem Buch zu erleichtern, hat die Autorin verschiedene Stilelemente verwendet, die Ihnen das schnellere Auffinden bestimmter Texte ermöglichen. So finden Sie die Tipps und Musterformulare sofort.

Hier finden Sie Tipps, Aufzählungen und Checklisten.

So sind „Merksätze“ gekennzeichnet.

Hier finden Sie Beispiele, die das Beschriebene plastisch erläutern und verständlich machen.

§ Hier finden Sie Definitionen, Rechtsnachweise oder Gesetzestexte.

Geleitwort: Marketing macht's

Es wird uns in Deutschland immer bewusster: Unsere Brötchen werden wir uns künftig kaum noch mit unserer Hände Arbeit verdienen können – stattdessen ist Köpfchen angesagt. Massenproduktion gehört der Vergangenheit an, die Zukunft verlangt Produkte und Dienstleistungen, die auf den Kunden mehr und mehr individuell zugeschnitten sind und ihm neuartige Problemlösungen und Befriedigung seiner Bedürfnisse bieten. Mit anderen Worten: Das Zauberwort heißt „Innovation".

Leider ist Deutschland weit davon entfernt, Innovationsweltmeister zu sein. Wir befinden uns im internationalen Vergleich ja eher im unteren Mittelfeld. Das hat viele Gründe. Am deutschen Erfindungsreichtum mangelt es allerdings am wenigsten, unsere Patentbilanz kann sich durchaus sehen lassen. Nur werden die Ideen oft nicht in Markterfolge umgesetzt. Das hängt nach meiner Erfahrung damit zusammen, dass Produktentwicklung in unseren Firmen oft aus den technischen Abteilungen heraus angestoßen wird. Die – manchmal auch heimlichen – Wünsche und Bedürfnisse der Kunden kommen dann zu kurz. Umgekehrt wäre es besser. Deutsche Unternehmen treiben jedoch im internationalen Vergleich am wenigsten Marktforschung.

Hier wird eben die Bedeutung eines systematischen, kohärenten Marketing für den Unternehmenserfolg deutlich. Marketing ist für mich Kern der Unternehmenspolitik und eines jeden Markenauftritts und fängt beim Kunden an, geht über beispielsweise die Produktgestaltung (Design ist kein ätherischer Selbstzweck) und reicht bis zu Fragen des Vertriebs. Auch das genialste Produkt verkauft sich heute nämlich nicht von selbst.

Der Innovation gehört also die Zukunft. Aber nur mit professionellem Marketing wird die Neuerung auch zum Geschäftserfolg. Möge die 2., mit all den Neuerungen aus der Welt des Onlinemarketings aktualisierte Auflage des Buches von Anna Nagl dem Praktiker als Leitfaden auf dem Weg zum Erfolg viel Freude machen.

München, im Oktober 2016

Prof. Randolf Rodenstock
Geschäftsführender Gesellschafter
Optische Werke G. Rodenstock GmbH & Co. KG
Honorarprofessur der Technischen Universität München

Vorwort: Marketing ist in aller Munde

Marketing ist in aller Munde – insbesondere auch bei kleinen und mittelständischen Betrieben. Die entscheidende Frage ist: Wie wende ich Marketing professionell in meinem eigenen Unternehmen an? Erfolgreiches Marketing ist mehr als ein spritziger Werbespruch, eine gelungene Zeitungsanzeige oder eine einfallsreiche Website kombiniert mit einem ständig aktuellen Facebook-Auftritt. Marketing bedeutet Führung eines Unternehmens ausgerichtet auf die Bedürfnisse von Kunden und Markt. Für eine planvolle marktorientierte Unternehmensführung bedarf es einer durchdachten Maßnahmenplanung. Kurzum: Erfolgreichem Marketing liegt ein Marketingplan zugrunde.

Der vorliegende, insbesondere mit den Neuerungen im Onlinemarketing komplett überarbeitete und aktualisierte Praxisratgeber enthält Anleitungen, wie Sie als Inhaber, Geschäftsführer und Führungskraft einen solchen maßgeschneiderten Marketingplan für Ihr Unternehmen erstellen. Um zu den für Ihr Unternehmen besten Ergebnissen zu kommen, ist gerade auch in kleinen und mittelständischen Unternehmen eine systematische Marketingplanung notwendig. Im vorliegenden Praxisratgeber sind die wesentlichen Informationen und Schritte, wie Sie zu Ihrem unternehmensspezifischen Marketingplan kommen, in einfacher und verständlicher Form veranschaulicht und durch sehr viele Beispiele beschrieben. In Form von Checklisten erhalten Sie wertvolle Tipps und Empfehlungen.

Ein besonderer Dank geht an dieser Stelle an Jessica Schuster, die sich im Rahmen ihrer Bachelorthesis intensiv mit allen Neuerungen im Bereich des Marketings auseinandergesetzt hat, und natürlich auch an Ruth Bucher, die wesentliche Grundlagen für das Buch erarbeitet hat.

Aalen, im Oktober 2016

Anna Nagl

Inhalt

Einleitung: Zweck und Aufbau eines Marketingplans

Der Marketingplan dient als Orientierungsrahmen zur bestmöglichen Ausschöpfung der Marktpotenziale sowie zur Erzielung von Wettbewerbsvorteilen. Ein Marketingplan hilft also dem Unternehmer dabei, den Überblick über Ziel und Systematik der Marketingaktivitäten zu behalten, und sorgt dafür, dass Marketingentscheidungen transparent sind. Er lässt Abweichungen vom Plan schnell sichtbar werden und ermöglicht es, deren Ursachen zu finden und notwendige Anpassungen einzuleiten. Darüber hinaus ist ein schriftlich fixierter fundierter Marketingplan auch für eine Unternehmensgründung und ein Ratinggespräch mit der Bank unerlässlich.

Einen standardisierten Marketingplan, der für alle Betriebe für jeden Zweck einsetzbar ist und immer gleich aussieht, gibt es nicht. Es gibt allerdings unabhängig von branchen- und unternehmensspezifischen Besonderheiten ein Grundgerüst und immer wiederkehrende Bausteine. Diese Bausteine werden in diesem Praxisratgeber erläutert.

Das Grundgerüst eines Marketingplans sieht die Beantwortung der folgenden Fragen vor:

Frage	Bausteine im Marketingplan
Wo steht das Unternehmen heute?	Fundierte Analyse der Ausgangssituation (Kapitel 1)
Wo will das Unternehmen hin und wie kommt es an sein Ziel?	Formulierung der Marketingziele und -strategien (Kapitel 2)
Welche Ressourcen sind dazu notwendig?	Budgetplanung (Kapitel 2, Abschnitt V)

Frage	Bausteine im Marketingplan
Welche Maßnahmen sind zur Erreichung der Ziele erforderlich?	Einarbeitung der konkreten Marketingmaßnahmen: Ausgestaltung der ▪ Onlinepräsenz (Kapitel 3) ▪ Kundenorientierung (Kapitel 4) und ▪ Marketingmix-Faktoren (Kapitel 5–8)
Sind die Ziele erreicht? Wenn nicht, was ist zu tun?	Marketingcontrolling, Analyse der Ursachen für eventuelle Zielabweichungen und Einleitung von Maßnahmen (Kapitel 9)
Wie lassen sich die Adressaten des Marketingplans auf ein bis zwei Seiten begeistern?	Executive Summary (Kapitel 10)

Marketingplan: Bausteine

Ein bewährtes Modell zur Erarbeitung eines Marketingplans sieht wie folgt aus:

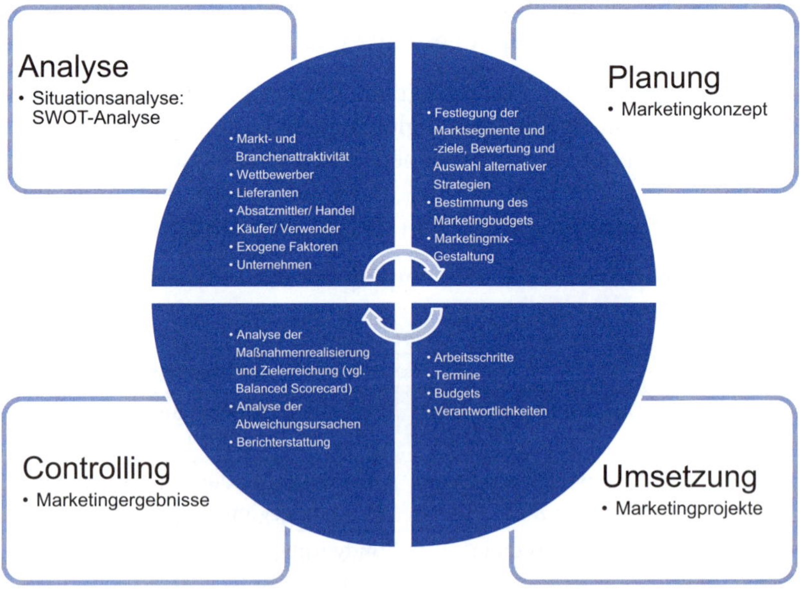

Abb. 1: Der Marketingplan – Vorgehensweise

Die Basis jedes Marketingplans ist eine fundierte Analyse der Ausgangssituation. Bewährt hat sich eine auf der Situationsanalyse aufbauende, vorausschauende Grobplanung für die kommenden drei bis fünf Jahre mit Zielen, Strategien und Festlegung der grundsätzlichen Marketingmix-Gestaltung (Produkt-, Preis-, Vertriebs- und Kommunikationspolitik). Als Basis dient die fundierte Analyse der Markt- und Branchenattraktivität. Diese ist insbesondere um die Beurteilung von Wettbewerbern, Lieferanten und Kunden zu ergänzen. Die Planung baut auf dieser Analyse auf. In der Planung werden Marktsegmente und -ziele festgelegt und alternative Strategien bewertet und ausgewählt. Darüber hinaus geht es um die Bestimmung des Marketingbudgets und die Gestaltung der Marketingmix-Faktoren. Für die Umsetzung des Marketingplans müssen Arbeitsschritte, Budgets und Verantwortlichkeiten festgelegt werden. Im Rahmen des Controllings wird die Zielerreichung analysiert (vgl. Balanced Scorecard). Die Ursachen für eventuelle Abweichungen werden ermittelt (also im Regelkreis wieder von vorne: Analyse). Die operativen Marketingmaßnahmen sollen für mindestens ein Jahr im Voraus im Detail geplant sein.

1. Kapitel

Situationsanalyse: So ermitteln Sie die Marktposition Ihres Unternehmens

1

Erstes Gebot: Wissen ist Macht

Verschaffen Sie sich ein fundiertes Wissen über die Situation Ihres Unternehmens und der Branche, um Vorteile erkennen und nutzen zu können.

Für einen erfolgreichen Marketingplan ist es essenziell herauszufinden, welche Ressourcen, Potenziale und Kernkompetenzen das eigene Unternehmen besitzt und wie die Branche aufgestellt ist. Zur Analyse des eigenen Unternehmens und der Branche bietet sich die Systematik einer SWOT-Analyse (vgl. Kapitel 1, Abschnitt III) an. Um das Umfeld besser einschätzen zu können, empfiehlt es sich, das „Five-Forces-Modell" von Porter zu berücksichtigen (vgl. Kapitel 1, Abschnitt I).

Es ist wichtig zu versuchen, sich von der breiten Masse abzuheben und den Kunden einen relevanten Nutzen zu bieten. Um dem enormen Preiswettbewerb in vielen Branchen entgegenzuwirken, sollte nicht nur auf neue Technologien und Produkte ein besonderes Augenmerk gelegt werden, sondern auch auf die Innovation und den Mehrwert für die Kunden. Auf diese Weise müssen Sie sich den Markt nicht mit Ihren Konkurrenten teilen, sondern erschließen sich einen eigenen neuen Markt (sog. Blue Ocean). Die Gewinn- und Wachstumschancen in bestehenden Märkten (sog. Red Oceans) sind meist so gering, dass der Versuch, Ihre Konkurrenz zu übertreffen, sich nicht lohnt. Sie sollten vielmehr neue Märkte erschließen, eine neue Nachfrage erzeugen und somit profitables Marktwachstum für Ihr Unternehmen generieren (vgl. Sie derzeit den Online-Vermittlungsdienst für Fahrdienstleistungen Uber). In diesen neuen Märkten können Sie sich differenzieren und günstige und faire Preise anbieten.

Diese Vorgehensweise beschreibt die Blue-Ocean-Strategie. Der blaue Ozean stellt die neuen, unangetasteten Märkte dar, in denen kein oder wenig Wettbewerb herrscht. Der rote Ozean hingegen steht für die bestehenden engen Märkte, in denen alle Wettbewerber um die existierende Nachfrage streiten und um Marktanteile kämpfen. Der Vergleich basiert auf den blutigen Kämpfen von Raubfischen. Die Blue-Ocean-Strategie bietet Nutzeninnovationen an. Sie können dabei selbst aktiv werden, um neue Märkte zu kreieren und systematisch zu entdecken. Mit dieser Strategie haben es Unternehmen wie z.B. Nespresso geschafft, einen Markt zu erschließen und in diesem erfolgreich zu sein.

Beispiel: In jeder Krise steckt eine Chance

Optikermeister Thomas Top besitzt ein Optikergeschäft in einer Großstadt. Durch die starke Zunahme von preisaggressiven Onlineanbietern von Brillen und Kontaktlinsen geraten traditionelle augenoptische Geschäfte, die ihren Kunden keinen Mehrwert bieten, unter Druck.

Optiker Top sah dies als Chance, etwas Einzigartiges in seinem Geschäft aufzubauen und anzubieten. Brillenkunden haben oft Schwierigkeiten, eine passende Brille zu finden, deren Größe, Passform und Farbe ihren Vorstellungen entspricht. Da es beim heutigen Onlineshopping-Trend sehr schwierig ist, die richtige Fassung in der richtigen Größe und Form zu finden, ohne diese anzuprobieren, hat sich Thomas Top einen 3-D-Scanner angeschafft, um den Kunden individuelle Fassungen anbieten zu können. Dabei werden die Nasenform, die Breite des Gesichts und weitere Merkmale gescannt. Anschließend werden die Daten an eine Partnerfirma geschickt, die diese verarbeitet und mithilfe eines 3-D-Druckers eine perfekt passende Fassung herstellt. Ein zusätzlicher positiver Aspekt ist, dass die Fassungen aus allergenfreiem Kunststoffmaterial gefertigt werden. Dies ermöglicht es allen Kunden, eine individuell gefertigte Brille von Top Optik zu tragen.

Auf diese Weise gelingt es Thomas Top, auf spezielle Wünsche einzugehen und den Kunden drückende und rutschende Brillen zu ersparen. Durch diese attraktive und einzigartige Methode der Brillenherstellung hat sich Top Optik eine Alleinstellung in der Stadt erarbeitet und seinen eigenen Markt geschaffen. Das Geschäft ist bei Alt und Jung, Einheimischen und Touristen gleichermaßen beliebt.

Die SWOT-Analyse (Strengths, Weaknesses, Opportunities, Threats – oder auf Deutsch: Stärken, Schwächen, Chancen, Risiken) dient zur systematischen Identifikation von Marktchancen und Wettbewerbsvorteilen. Das Unternehmen wird intern (Stärken und Schwächen) und extern aus Sicht des Markts und der Branche (Chancen und Risiken) unter die Lupe genommen.

I. Die betriebsinterne Analyse

Unternehmensintern sind die Stärken und Schwächen zu ermitteln. Hierfür wird eine Analyse der internen Unternehmenssituation erstellt und die jeweiligen Stärken bzw. Schwächen der einzelnen Punkte werden notiert:

- Ressourcen
- Potenziale
- Kernkompetenzen

Beispiel: Stärken und Schwächen von Top Optik

Mithilfe einer Checkliste können die wesentlichen Stärken und Schwächen des Optikergeschäfts herausgearbeitet werden.

Checkliste: Stärken und Schwächen	Ja	Nein
Einkauf ☐ Wir kaufen nur allergenfreie Kunststofffassungen „Made in Germany". ☐ Wir unterziehen alle gelieferten Brillen einer unseren Standards entsprechenden Qualitätskontrolle.		
Beratung und Verkauf ☐ Die Kundenzufriedenheit steht an oberster Stelle. ☐ Unsere Mitarbeiter sind stets freundlich und um alle Kundenwünsche bemüht.		

Checkliste: Stärken und Schwächen	Ja	Nein
☐ Wir verwenden die modernsten Technologien, um individuelle Fassungen anbieten zu können. ☐ Wir achten darauf, dass unsere Mitarbeiter mit den modernen Technologien vertraut sind und ihnen die Arbeit bei uns Freude macht.		
Service ☐ Für die Benachrichtigung unserer Kunden nutzen wir die Möglichkeiten moderner Informations- und Kommunikationstechnologie. ☐ Falls an unseren Produkten etwas beanstandet wird, ersetzen wir diese und nehmen Anregungen gerne und freundlich auf. ☐ Wir arbeiten sehr hart daran, dass berechtigte Kundenreklamationen nicht erneut vorkommen.		

Anhand dieser Checkliste erkennt Herr Top schnell, wo eventuell Handlungsbedarf besteht.

II. Die Markt- und Branchenanalyse

Ein erfolgreicher Marketingplan basiert auch auf einer aussagefähigen, detaillierten Branchenanalyse. Eine unausgereifte Markt- und Wettbewerbsanalyse führt häufig zu unausgeschöpften Marktpotenzialen und damit zu ungenutzten Chancen. Eine ungenügende Kenntnis des Markts und der Wettbewerber kann einen Unternehmer die Existenz kosten.

Betrachten Sie also folgende Punkte:

- Markt- und Branchenentwicklung/-prognose
- Analyse der Wettbewerber
- Analyse der Lieferanten
- Analyse der Absatzkanäle (Handel)
- Analyse der Kunden
- Analyse der exogenen Faktoren (z.B. Gesetzgebung, Ersatzprodukte usw.)

Welche Chancen und welche Risiken ergeben sich aus diesen Punkten für Ihr Unternehmen?

1. Marktforschung

Eine durchdachte Wahl des Zielmarkts, dessen Segmentierung sowie eine ausgereifte und auf Dauer angelegte Marktforschung sind die Basis für einen erfolgreichen Marktauftritt. Im Rahmen der Branchenanalyse werden konkrete Zahlen und Fakten über

- Marktpotenzial und -volumen,
- die zukünftige Markt- und Branchenentwicklung,
- die Stärken und Schwächen der Wettbewerber,
- deren Leistungs- und Produktangebot,
- die Marktstellung der Lieferanten und Absatzkanäle sowie
- die Bedürfnisse der tatsächlichen und potenziellen Kunden

benötigt.

Diese Informationen sind nur über eine fundierte Marktforschung zu bekommen. In der Marketingliteratur werden dazu zwei grundsätzliche, sich ergänzende Vorgehensweisen beschrieben.

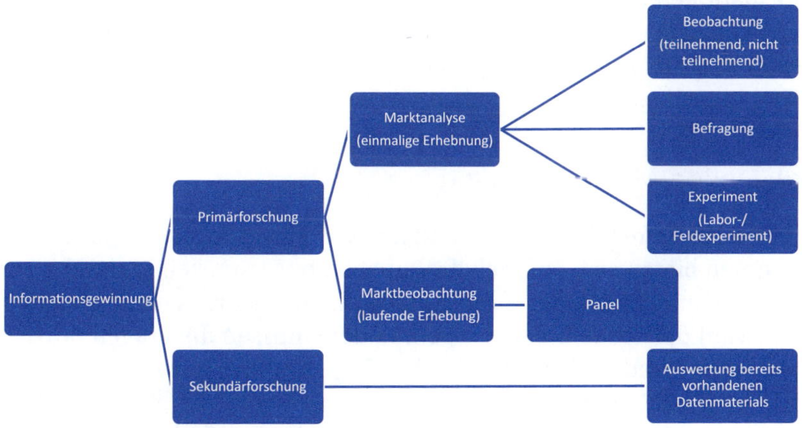

Abb. 2: Methoden der Informationsgewinnung

- Im Rahmen der Sekundärforschung werden bereits verfügbare und in einem anderen Zusammenhang erhobene Informationen z.B. von der GfK in Nürnberg genutzt, um eigene Fragestellungen zu beantworten.

- In der Primärforschung werden Daten neu erhoben, um bestimmte Fragestellungen gezielt beantworten zu können. Die Primärforschung ergänzt die Sekundärforschung und rundet ihre Ergebnisse ab.
- Das klassische Instrument der Primärforschung ist die Befragung, bei der die Befragten mit ihrer Auskunft Informationen liefern.
- Bei der Beobachtung sollen die gewünschten Informationen mit oder ohne Wissen der Teilnehmer erhoben werden.
- In einem Experiment wird eine künstlich geschaffene Versuchsanordnung zugrunde gelegt, um die Wirkung einer Marketingmaßnahme isoliert von Störfaktoren messen zu können.

Befragungen nehmen im Rahmen der Primärforschung den bedeutendsten Stellenwert ein. Experteninterviews bieten die Möglichkeit, eine neutrale und fachlich kompetente Auskunft sowie wertvolle Tipps aus langjähriger Branchen- und Berufserfahrung zu erhalten. Die systematische Befragung potenzieller und tatsächlicher Kunden vermittelt einen ersten Eindruck vom erzielbaren Preisniveau sowie von den Anforderungen und Erwartungen an die Produkte und Dienstleistungen. Dabei erhält das Unternehmen praktische Informationen auch darüber, wie die Chancen stehen, sich am Markt zu etablieren. Eine Marktanalyse kann auch bei einem Marktforschungsinstitut in Auftrag gegeben werden. Derartige Marktstudien sind allerdings meist mit hohen Kosten verbunden.

a) Online-Marktforschung

Gerade in Zeiten digitaler Vernetzung von Privatpersonen und Unternehmen bieten sich Onlinebefragungen an. Um mittels Onlinebefragungen an relevante Ergebnisse zu kommen, bedarf es einer gezielten Auswahl der Teilnehmergruppen. Zudem müssen die Fragen präzise formuliert und in logischer Reihenfolge gestellt werden. Während früher persönliche und mündliche Befragungen die gängigste Methode der Datenerhebung waren, wurden diese zwischenzeitlich von den meist kostengünstigeren und schneller zu realisierenden schriftlichen und telefonischen Befragungen abgelöst. Die Onlinebefragung verbindet Schnelligkeit mit geringen Kosten. Nachteilig ist allerdings, dass sie aufgrund des Ausschlusses der Personen, die nach wie vor offline sind, in vielen Fällen nicht repräsentativ für alle Zielgruppen von Unternehmen ist.

Da viele Unternehmen Websites und Onlineshops haben, lassen sich die Daten der Websites einfach, schnell und in großen Mengen günstig sammeln. Wie in Kapitel 3, Abschnitt I beschrieben, kann für die Analyse ein geeignetes Web-Analytics-Programm eingesetzt werden. Ein Grund für die zunehmende Bedeutung der Online-Marktforschung ist die Aktualität und die Geschwindigkeit, in der die erhobenen Daten zur Verfügung stehen. Ein Großteil der Bevölkerung ist täglich im Internet, egal ob mit dem Smartphone, dem Tablet oder dem Laptop oder Computer. Dadurch können Meinungen, Erfahrungen und Einstellungen öffentlich geteilt werden, was Unternehmern wiederum die Möglichkeit bietet, einen Einblick in die Denk- und Handlungsweise ihrer Kunden zu bekommen. Darüber hinaus können Kunden online Feedback über Produkte und Dienstleistungen geben. Diese Erfahrungswerte können wiederum auch für Dritte nützlich sein, die sich für das genannte Produkt oder die beschriebene Dienstleistung interessieren.

Die Online-Marktforschung bietet also einige Vorteile gegenüber der herkömmlichen Marktforschung. Diese sind

- Schnelligkeit,
- direkte Verfügbarkeit der Daten,
- Nutzung von diversen mobilen Endgeräten,
- direkte Kontrolle und
- keine Beeinflussung der Teilnehmer

(vgl. Theobald, Online-Marktforschung, in: Schwarz (Hrsg.), Leitfaden Online-Marketing, S. 602 f.).

Ein Feedback des Kunden über ein gekauftes Produkt oder eine bezogene Dienstleistung ist für das Unternehmen immer wertvoll, vor allem aber dann, wenn der Kunde unzufrieden war. Diese Unzufriedenheit bietet Unternehmen die Chance zur Veränderung und Verbesserung ihrer Angebote. Um zeitnah auf Feedbacks reagieren zu können, ist eine hohe Geschwindigkeit der Datenerhebung und -verwertung unabdingbar. Kritiken und Anregungen müssen schnellstmöglich aufgegriffen und verarbeitet werden, um eine andauernde Unzufriedenheit und ein evtl. Abspringen der Kunden zu vermeiden.

Hinzu kommt, dass durch das Internet Daten international erhoben werden können. Ein weiterer positiver Aspekt ist die Verfügbarkeit der Ergebnisse, da diese bereits elektronisch vorliegen und nicht mehr manuell erfasst werden müssen. Eine Umfrage kann – wie beschrieben – über unterschiedliche Medien dargeboten werden. Hierbei können Konsumenten beispielsweise während des Onlineshoppings Fragen gestellt werden. Durch das Wegfallen eines Interviewers wird der Teilnehmer in seinen Antworten und Entscheidungen nicht beeinflusst. Er kann seine Meinung offen und ehrlich zum Ausdruck bringen, da Untersuchungen über das Internet meist weitgehend anonym sind.

Am häufigsten kommt die Online-Marktforschung bei Befragungen hinsichtlich der Kundenzufriedenheit über bestehende Angebote, bei Produkt- und Preistests, Image- und Nutzeranalysen und beim Beschwerdemanagement zum Einsatz. Das Internet ist also ein kostengünstiges Medium – nicht nur (aber auch) für kleine und mittelständische Unternehmen –, um effizient auch internationale Befragungen durchzuführen.

2. Den Markt beobachten

Bei der Analyse des Markts und des Branchenumfelds geht es darum, aus einer Vielzahl von zu erhebenden Informationen diejenigen herauszufinden und zu untersuchen, die für den Geschäftserfolg relevant sind. Es gilt, die grundlegende Frage zu beantworten: Gibt es wirklich einen Markt für die Produkte zu dem Preis und in der Form, wie das Angebot geplant ist?

Aussagen über den Markt und die Wachstumsraten von Umsatz und Gewinn sind durch sorgfältig recherchierte Daten zu belegen. Gerade bei neuen Produkten und Leistungen ist die Ermittlung des Marktvolumens ein schwieriges Unterfangen. Es gilt, die verschiedenen internen und externen Daten wie ein Puzzle zusammenzusetzen.

✔

Checkliste: Marktentwicklung/-prognose	**Antwort**
☐ *Wie entwickelte sich die Branche in der Vergangenheit und wie sehen die Prognosen aus?*	
☐ *Welche Markttrends zeichnen sich ab?*	

Checkliste: Marktentwicklung/-prognose	Antwort
☐ *Welches mengen- und wertmäßige Marktpotenzial und -volumen wird für die einzelnen Marktsegmente prognostiziert?*	
☐ *Was sind die Erfolgsfaktoren und Renditeziele der Branche?*	
☐ *Welche Rolle spielen Innovation und technischer Fortschritt?*	
☐ *Ist der angesteuerte Markt/die angesteuerte Nische groß genug und zukünftig ausbaufähig?*	

3. Die Wettbewerber im Blick haben

Nachdem das eigene Unternehmen und der Zielmarkt auf den Prüfstand gestellt wurden, geht es um die Durchleuchtung der Wettbewerber. Aufgabe der Wettbewerbsanalyse ist es zu prüfen, was den Erfolg oder Misserfolg von Konkurrenten ausmacht, welche Stärken und Schwächen diese haben und welche zukünftigen Aktivitäten von anderen Unternehmen und evtl. Branchenneueinsteigern (z.B. Google beim autonomen Fahren) in der Branche zu erwarten sind. Damit erhalten Sie Orientierungspunkte für die eigene Marktpositionierung und die anzustrebende Wettbewerbsstrategie. Zunächst geht es vordergründig darum herauszuarbeiten, welchen (neuen) Wettbewerbern besondere Beachtung geschenkt werden sollte. Im darauf folgenden Schritt sind die zu analysierenden Inhalte und die Vorgehensweise der Wettbewerbsanalyse festzulegen.

Es gibt vier Gruppen von Wettbewerbern, die im Rahmen einer Wettbewerbsanalyse zu untersuchen sind:

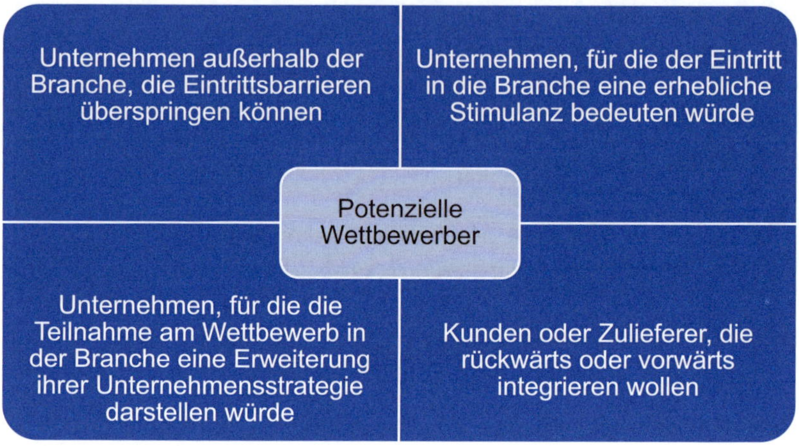

Abb. 3: Potenzielle Wettbewerber

Für die Beurteilung der Wettbewerber sind vor allem folgende Aspekte von Bedeutung:

- die Anzahl der Wettbewerber
- das Profil und die Profitabilität der einzelnen Wettbewerber
- die Struktur des Liefersortiments
- das Produktangebot der Wettbewerber

Ziel der Wettbewerbsanalyse ist es,

- die Stärken und Schwächen der Wettbewerber objektiv und aus Kundensicht einzuschätzen,
- orientiert an der Wettbewerbssituation eine zukunftsfähige Marktpositionierung zu erarbeiten sowie
- die richtige Wettbewerbsstrategie festzulegen.

Für die richtige Markpositionierung und die Festlegung der Wettbewerbsstrategie ist es wichtig, die bereits im Markt befindlichen Wettbewerber zu kennen und sich auf neue Wettbewerber einzustellen. Die Anzahl der Wettbewerber ist dabei – wie bereits erläutert – nicht das einzige und ausschlaggebende Element, sondern es geht vielmehr um deren Ressourcen, Kernkompetenzen und Erfolgsfaktoren. Bei der Wettbewerbsanalyse ist es deshalb empfehlenswert, drei Gruppen von Wettbewerbern zu bilden:

- **Marktführer und Marktherausforderer:** Diese Wettbewerber haben eine starke Marktstellung und übernehmen eine Führungsfunktion in Bezug auf das Produktangebot, die Marktbedienung und die Marktbeeinflussung. Marktherausforderer sind solche Unternehmen, die auf dem Weg sind, sich als Marktführer zu positionieren.
- **Nischenanbieter:** Nischenanbieter beteiligen sich nur mit einem begrenzten Liefersortiment und Produktangebot am Markt oder konzentrieren sich auf beschränkte Marktgebiete, die sie mit ihrem Angebot abdecken.
- **Mitläufer:** Mitläufer beteiligen sich nur marginal am Marktgeschehen und haben meist eine untergeordnete Marktstellung.

Für den Marketingplan ist es wichtig, dass die Profile der Wettbewerber systematisch analysiert werden. Dabei kann die folgende Checkliste hilfreich sein.

Checkliste: Wettbewerbsanalyse	Antwort
Allgemein	
□ *Wie viel Zeit wenden die Mitarbeiter in Ihrem Betrieb für die Suche nach Informationen auf?*	
□ *Wie haben Sie die gesammelten Informationen intern organisiert und dokumentiert (z.B. Wissensmanagement-Plattform oder im Extremfall unsystematisch in Ordnern)?*	
□ *Wie aktuell sind die Informationen und wie stellen Sie die laufende Aktualisierung sicher?*	
Informationen zu den einzelnen Wettbewerbern	
□ *Wie ist die derzeitige Stellung der einzelnen Wettbewerber im Markt?*	
□ *Welche Chancen haben potenzielle neue Anbieter in Ihrem Markt?*	
□ *Wissen Sie über die geplanten Aktivitäten Ihrer derzeitigen Wettbewerber Bescheid?*	

Checkliste: Wettbewerbsanalyse	**Antwort**
☐ *Welche Strategien (Kostenführer, Qualitätsführer, Abschöpfungsstrategie usw.) verfolgen die Wettbewerber?*	
☐ *Wie sieht die Struktur und Kompetenz im Liefersortiment der Wettbewerber aus (Vor- und Nachteile)?*	
☐ *Wie kalkulieren die Wettbewerber? Wie sieht die Preisstruktur (Stundensätze, Rabattpolitik, Ausgaben usw.) aus?*	
☐ *Welche Verkaufsargumente (Technologie, Kundenservice, Preis, Qualität, Expertenwissen usw.) verwenden die Wettbewerber?*	
☐ *Welches Image (flexibel, partnerschaftlich, innovativ usw.) haben die Wettbewerber?*	
☐ *Welche Stärken und welche Schwächen haben die Wettbewerber?*	
☐ *Worin sehen die Wettbewerber ihre eigenen Stärken und Schwächen und wie beurteilen sie die Marktattraktivität?*	
☐ *Was sind die wesentlichen Erfolgsfaktoren der einzelnen Wettbewerber?*	

Das Five-Forces-Modell hilft bei der Strukturierung der Markt- und Branchenanalyse:

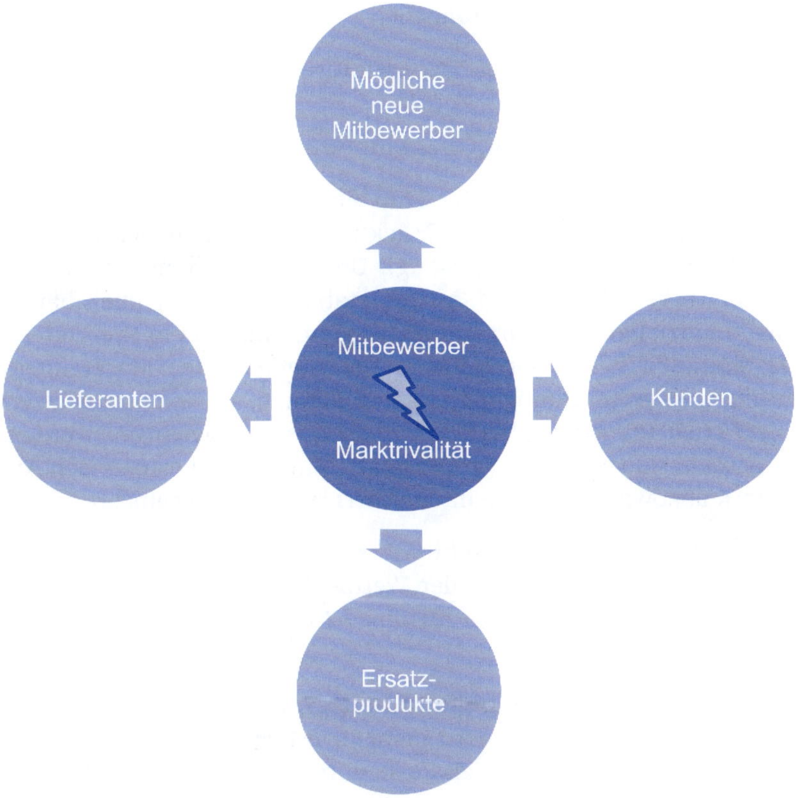

Abb. 4: Anlehnung an das Five-Forces-Modell von Porter

a) Rivalität unter bestehenden Wettbewerbern

Die Marktrivalität zwischen den Unternehmen steht im Mittelpunkt und beschreibt die Wettbewerbsintensität. Allgemein gibt es zwei Strategien, die für Wettbewerbsdruck bei den Unternehmen sorgen können. Dies ist zum einen die Qualitätsführerschaft, bei der auf hohe Produktqualität Wert gelegt wird, und zum anderen die Kostenführerschaft, bei der nur die niedrigsten Kosten und günstigsten Preis zählen. Andere Gründe, die zu einer hohen Wettbewerbsrivalität führen können, sind:

- ähnliche bzw. vergleichbare Produkte der Mitbewerber

- Überkapazitäten bei der Produktion – Preiskampf
- große Anzahl an Mitbewerbern
- schnelles Wachstum der Branche
- erschwerte Marktaustrittsbarrieren für Unternehmen

b) Bedrohung durch potenzielle neue Anbieter

Durch den Eintritt neuer Anbieter in einen bestehenden, bereits hart umkämpften Markt wird der Druck auf die vorhandenen Anbieter höher, wie das Beispiel Tesla zeigt. Um die Bedrohung durch neue Wettbewerber abzuwehren, nutzen etablierte Unternehmen häufig ihre finanziellen Ressourcen und reagieren mit einem Preiskampf. Da Markteintrittsbarrieren einem Unternehmen den Markteintritt erschweren oder unmöglich machen können, muss bei einem erfolgreichen Marketingplan darauf besonders eingegangen werden. Außerdem sind mögliche Abwehrmaßnahmen von bestehenden Anbietern abzuwägen. Markteintrittsbarrieren können sein:

- **Der Grad der Marktausschöpfung**
  Je stärker sich die bestehenden Wettbewerber den Markt aufteilen, desto schwieriger wird es für einen Neueinsteiger, Marktanteile zu erobern.
- **Hohe Kosten, um den Bekanntheitsgrad aufzubauen**
  Neue Anbieter müssen meist mehr investieren, um am Markt bekannt zu werden – beispielsweise durch den Aufbau eines neuen Vertriebs oder durch komplexe Fertigungs- bzw. Leistungsstrukturen.
- **Die Umstellungskosten durch Produktwechsel bei Lieferanten**
  Sind die Umstellungskosten hoch, müssen neu in den Markt eintretende Anbieter deutlich günstiger sein als die etablierten Anbieter oder aber qualitativ erheblich bessere Leistungen anbieten.

c) Verhandlungsstärke der Lieferanten

Der Begriff „Lieferant“ steht für alle Bezugsquellen, die zur Erbringung der Unternehmensleistungen erforderlich sind. Lieferanten können auf die Anbieter in einem Markt Druck ausüben, indem sie z.B. wie ZEISS über starke Marken hohe Preise durchsetzen. Die starke Position der Lieferanten kann sich beispielsweise wie folgt darstellen:

- Ein Marktsegment wird von wenigen Lieferanten beherrscht und weist einen höheren Konzentrationsgrad auf als das belieferte Marktsegment.
- Die Lieferanten vertreiben ein einzigartiges oder stark differenziertes Produkt mit hohen Ausstiegsbarrieren für die Anbieter.
- Die Lieferanten drohen mit einer Vorwärtsintegration, d.h. sie treten gegebenenfalls selbst als Anbieter im Markt auf und eröffnen eine eigene Betriebsstätte.

d) Verhandlungsmacht der Abnehmer/Kunden

Die Verhandlungsmacht der Kunden bestimmt, in welchem Maße sie die Anbieter durch Druck auf Margen und Abnahmemengen beeinflussen können. Die großen Lebensmittelketten üben einen großen Druck auf die Milchpreise aus und bieten Milch als „Lockprodukt" an. Eine Abnehmergruppe befindet sich in den folgenden Situationen in einer starken Verhandlungsposition:

- Das Marktsegment weist einen hohen Konzentrationsgrad auf und Kunden kaufen entsprechend große Mengen ein.
- Die Kunden beziehen standardisierte und undifferenzierte Produkte und können das bezogene Produkt problemlos ersetzen.
- Die Kunden können glaubwürdig mit Rückwärtsintegration drohen, d.h. sie können gegebenenfalls auch selbst als Anbieter auftreten.

e) Bedrohung durch Ersatzprodukte und -dienstleistungen

Die Bedrohung durch Ersatzprodukte oder -dienstleistungen besteht insbesondere darin, dass preiswertere oder leistungsfähigere Ersatzprodukte oder -dienstleistungen einen wesentlichen Teil des Marktvolumens auf sich ziehen könnten. Folgendes Beispiel veranschaulicht dies: Ein Kunde kann bei Sehproblemen eine Brille oder Kontaktlinsen kaufen, sich alternativ aber auch die Augen lasern lassen. Dieser chirurgische Eingriff führt in vielen Fällen dazu, dass der Kunde keine Sehhilfe mehr benötigt und sein Umsatz damit für den Augenoptiker wegfällt. Die höchste Aufmerksamkeit verdienen solche Substitutionsprodukte oder -dienstleistungen, deren Preis-Leistungs-Verhältnis aus Sicht des Kunden attraktiver ist. Den Umstieg der Kunden auf Ersatzprodukte oder -dienstleistungen haben insbesondere die Unternehmen zu befürchten, denen es nicht gelungen ist, ihre Kunden – beispielsweise durch guten Service – dauerhaft an ihr Produkt und ihre Leistung zu binden.

Zusätzlich spielen exogene Faktoren wie technische Entwicklungen, makro- und mikroökonomische Einflüsse, politisch-rechtliche Bestimmungen sowie soziale und ökologische Bedingungen eine große Rolle. Sie beeinflussen die Geschäftstätigkeit, entziehen sich ihrerseits aber dem Machtbereich des Unternehmens.

III. Die SWOT-Analyse

Die SWOT-Analyse bildet eine wichtige Grundlage für den Marketingplan. Zusammenfassend lässt sich die Analyse der innerbetrieblichen Situation und des Markts/der Branche wie folgt darstellen:

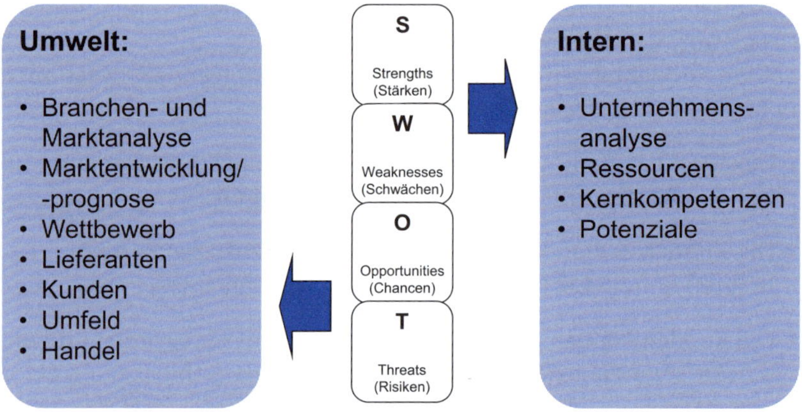

Abb. 5: Untersuchungsfelder der SWOT-Analyse

Beispiel: SWOT-Analyse beim Optiker

Bei der betriebsinternen Analyse stellt Optiker Top folgende Stärken und Schwächen sowie Chancen und Risiken fest:

Stärken

- Top Optik bezieht individuell auf den Kunden abgestimmte und angepasste Fassungen aus allergenfreiem Kunststoff, die qualitativ sehr hochwertig sind.
- Durch die eigenen Messungen mit dem 3-D-Scanner und der direkten Übertragung der Daten hat der Kunde keine langen Wartezeiten.

- Durch die moderne Technik kann Herr Top viele neue Kunden gewinnen, egal ob jung oder alt.
- Das Motto lautet: Passgenaue und individuelle Brillen für Jung und Alt.

Schwächen

- Die Mitarbeiter müssen sich mit der modernen Software des Scanners auskennen. Dies bedarf einer hohen Qualifikation und Kompetenz der Mitarbeiter.
- Der Erwerb des Scanners und der passenden Software zur Datenübermittlung führt zu hohen Kosten im Vergleich zum Wettbewerb. Das spezielle allergenfreie Kunststoffmaterial muss zudem extra für den Betrieb angefertigt werden.

Chancen

- Durch häufige Unzufriedenheit der Brillenträger mit Standardfassungen kann sich Top Optik durch Individualität und hundertprozentige Passform beweisen.
- Erweiterung des Kundenstamms.
- Individualität wird wieder mehr geschätzt.
- Durch den Gesichtsscan im eigenen Betrieb kann sich der Optiker von seinen Wettbewerbern absetzen und mit modernster Technologie begeistern.

Risiken

- Optikerketten und Onlineanbieter drücken Preis und Qualität der Produkte.

Führen Sie eine SWOT-Analyse für Ihr Unternehmen durch. Ob Friseur oder Schreiner, ob groß oder klein, jedes Unternehmen kann und soll für sich eine SWOT-Analyse erstellen. Wenn Sie Ihr Unternehmen intern betrachten wollen, wäre eine Möglichkeit, dass Sie Ihre Mitarbeiter und Kunden – schriftlich oder mündlich – befragen, worin sie persönlich die Stärken und Schwächen des Geschäfts sehen oder was ihnen im Unternehmen besonders gut/weniger gut gefällt. Auch die Frage: „Wie ist das Betriebsklima untereinander und zum Chef?“ bedarf meist einer Klärung. Lesen

Sie auch branchenspezifische Zeitschriften, gehen Sie auf Fortbildungen und unterhalten Sie sich mit anderen Marktteilnehmern und Experten der Branche. So können Sie herausfinden, was in Ihrem Betrieb vielleicht anders läuft, und sich zudem Anregungen für Veränderungen holen. Auch schadet es nicht, bei Wettbewerbern einen Blick ins Schaufenster zu werfen, um Produktpreise/-qualität zu vergleichen. Prüfen Sie in den Geschäftsbüchern, ob Ihre Werbemaßnahmen angenommen worden sind und sich im Umsatz oder im Kundenstamm niederschlagen, z.B. Verhältnis Neu- zu Stammkunden usw.

Die folgenden Fragen helfen Ihnen, die Situationsanalyse zu erarbeiten:

✔

Checkliste: Situationsanalyse	**Antwort**
Stärken ☐ *Welche besonderen Fähigkeiten oder Stärken zeichnen Ihr Unternehmen aus?* ☐ *Was läuft sehr gut und in welchen Bereichen erzielen Sie sehr gute Resultate und Renditen?* ☐ *Worauf sind Sie besonders stolz? Welche Erfolge konnten Sie bereits feiern?* ☐ *Welches sind Ihre wichtigsten Produkte und Leistungen im Markt?* ☐ *Mittels welcher Stärken können Sie Ihre Marktposition ausbauen?* ☐ *Was treibt Sie an?*	
Schwächen ☐ *Was läuft in Ihrem Unternehmen nicht reibungslos?* ☐ *Wo liegen Schwächen, Unzulänglichkeiten, Schwierigkeiten, Schwachstellen?* ☐ *Welche Barrieren, Störungen und Fallen behindern Sie (Hintergründe, verborgene Widerstände)?*	

Checkliste: Situationsanalyse	**Antwort**
☐ *Was führt häufig zu Spannungen, Reklamationen, Enttäuschungen und Konflikten?* ☐ *Welche kritischen Problemstellungen gilt es zu lösen?* ☐ *Was fehlt? Welche besonderen Schwachstellen müssen behoben werden?*	
Chancen ☐ *Welche sind Ihre Chancen und Gelegenheiten im Markt?* ☐ *Welche künftigen Chancen ergeben sich aus der Entwicklung der Märkte z.B. aufgrund der Digitalisierung oder im Bereich weiterer neuer Technologien (z.B. 3-D-Druck)?* ☐ *Welche Ihnen bekannten Chancen nutzen Sie aus welchen Gründen noch nicht?* ☐ *Wie können Sie Ihre Fähigkeiten noch besser im Markt einsetzen?* ☐ *Welches Potenzial können Sie noch besser nutzen?* ☐ *Was können Sie konkret verbessern? Wozu wären Sie zusätzlich fähig?*	
Risiken ☐ *Welche Schwierigkeiten kommen auf Sie zu?* ☐ *Wo liegen die Gefahren?* ☐ *Welche Entwicklungen in der Umwelt könnten Ihnen wann und in welcher Form bedrohlich werden?* ☐ *Was passiert, wenn alles so bleibt, wie es derzeit ist?* ☐ *Welche Probleme könnten in einem zurzeit problemfreien Bereich auftreten?* ☐ *Womit müssen Sie im schlimmsten Fall rechnen?*	

2. Kapitel

So planen Sie Marketingstrategie, -ziele und -budget

2

Zweites Gebot: Realistische Ziele setzen

Setzen Sie sich realistische Ziele.

Unter Marketingzielen werden im Allgemeinen Aussagen über gewünschte Zustände verstanden, die als Ergebnis von Entscheidungen wie beispielsweise durch das Verfolgen von Marketingstrategien, erreicht werden sollen (vgl. Homburg, Marketingmanagement, S. 171; Becker, Marketing-Konzeption, S. 61).

I. Marketingziele formulieren

Die Basis jedes erfolgreichen Unternehmens ist eine detaillierte Planung. Dies trifft natürlich auch auf den Bereich Marketing zu. Wie bereits der Dichter Morgenstern schrieb: „Wer vom Ziel nicht weiß, kann den Weg nicht haben“, gilt es, aufbauend auf die fundierte Marketinganalyse ein Zielsystem zu entwickeln. Die Einbettung der Marketingziele in ein Zielsystem ist in der folgenden Abbildung in Anlehnung an Bruhn (Marketing) dargestellt:

Abb. 6: Zielsystem

Wie bei allen Zieldefinitionen ist es auch hier wichtig, die Formulierung so zu wählen, dass die Ziele auch überprüfbar sind. Ziele werden dabei meist pro Quartal oder pro Geschäftsjahr definiert. Ein ausformuliertes Marketingziel könnte zum Beispiel lauten:

Beispiel: Die Marketingziele von Top Optik

Der Umsatz des Optikers soll im nächsten Jahr bei 250.000 € liegen. Seine Marktführerschaft im Bereich Messung, Anpassung und Verkauf von individuell gefertigten Brillenfassungen (derzeit über 50 Prozent Marktanteil) will Herr Top bis Ende nächsten Jahres auf 60 Prozent ausbauen.

Thomas Top wird sich in diesem Zusammenhang folgende Fragen stellen:

- Sind Produktneuentwicklungen zur Realisierung meiner Marketingziele notwendig?
- In welcher Form möchte ich meine Zielkunden ansprechen?

Mit den Antworten auf diese Fragen hat er bereits ein erstes kleines Zielsystem entwickelt.

Ziele können nach dem Top-down-, dem Bottom-up-Prinzip oder dem Gegenstromverfahren geplant werden.

Beim Top-down-Prinzip wird von der Unternehmensspitze nach unten geplant. Den Mitarbeitern werden die jeweils zu erreichenden persönlichen Ziele durch die Geschäftsführung vorgegeben. Beispielsweise wird für das nächste Jahr angestrebt, dass der Umsatz pro Mitarbeiter um fünf Prozent gegenüber dem laufenden Jahr zunimmt. Diese Form der Planung führt infolge ihres zentralen Charakters zu einem in sich ausgewogenen und stimmigen Zielsystem. Besonders für kleine Unternehmen kann sich das Top-down-Prinzip als praktikabel erweisen, da die Geschäftsführung einen umfassenden Überblick über die Geschäftsabläufe hat. So ist der Chef im eigenen Betrieb auch selbst als Optiker tätig und kennt deshalb die operativen Aufgaben des Tagesgeschäfts. Beim Top-down-Prinzip ist allerdings zu berücksichtigen, dass die Mitarbeiter nicht in die Planung eingebunden werden. Dies könnte dazu führen, dass Sie die Mitarbeiter demotivieren und ihnen das Gefühl geben, bevormundet zu werden.

Im Rahmen des Bottom-up-Prinzips stellt jeder Teilbereich des Betriebs, z.B. der Einkauf und der Verkauf, zunächst einen eigenen Teilplan auf. Die unterschiedlichen Teilpläne sind dann von der Geschäftsführung zu koordinieren und zu einem Gesamtmarketingplan zusammenzufassen. Mitarbeiterinteressen kommen bei dieser Form der Zielplanung in hohem Umfang zum Tragen, da die Mitarbeiter selbst die Teilpläne aufstellen – ein Vorteil gerade im Hinblick auf Aspekte der Mitarbeitermotivation.

Das Gegenstromverfahren versucht die Vorteile des Top-down- und des Bottom-up-Ansatzes zu nutzen, ohne deren jeweiligen Nachteile in Kauf zu nehmen. Die Planung findet dabei in einem wechselseitigen Prozess zwischen der Geschäftsführung und den einzelnen Planungseinheiten statt. Auf diese Weise können die Mitarbeiter in den Prozess der Zielvorgabe eingebunden werden, ohne dass es zu nennenswerten Abweichungen vom Gesamtunternehmensziel kommt – im Gegenteil: Mitarbeiterziele und die Gesamtunternehmensziele können in Einklang gebracht werden. Ein Beispiel für das Gegenstromverfahren sind die Zielvereinbarungsgespräche, in denen sich die Mitarbeiter ihren persönlichen Zielen verpflichten, die Geschäftsführung aber die Gesamtunternehmensziele vorgibt.

Stellen Sie sich regelmäßig die Frage, welche Ziele Sie in Ihrem Unternehmen verfolgen. Idealerweise fassen Sie Ihre Ziele schriftlich in einem Gesamtunternehmensplan zusammen. Auf diese Weise können Sie sich Ihre Ziele immer wieder in Erinnerung rufen und mögliche Planabweichungen schneller aufdecken.

Besprechen Sie die angestrebten Ziele mit Ihren Mitarbeitern. Dabei sollten Sie Ihre Mitarbeiter in die Planung einbeziehen und ihnen nicht einfach nur ein zu erreichendes Ziel vorgeben. Mitarbeiter wollen nach ihrer Meinung gefragt werden. Das erhöht ihre Bereitschaft, sich dafür einzusetzen, dass die Ziele erreicht werden.

Wie bereits erläutert, haben die beschriebenen Planungsmethoden sowohl Vor- als auch Nachteile, weshalb es nicht zu empfehlen ist, nur eines dieser Verfahren anzuwenden. In der Praxis hat sich daher für die Planungsaufgaben folgende Kombination der Methoden bewährt:

- Die langfristige Planung erfolgt nach dem Top-down-Prinzip: Die Unternehmensstrategie auf lange Sicht festzusetzen, ist ausschließlich Aufgabe der Geschäftsführung.
- Die mittelfristige Planung erfolgt im Gegenstromverfahren:

Sie wird von der Unternehmensleitung und den einzelnen Einheiten gemeinsam in einem Prozess wechselseitigen Planens vorgenommen.

- Die kurzfristige Planung erfolgt nach dem Bottom-up-Prinzip, also in Planungseinheiten.
- Die Budgetplanung erfolgt ebenfalls als kurzfristige Planung nach dem Bottom-up-Prinzip.

Bei den kurzfristig zu verfolgenden Zielen handelt es sich in erster Linie um finanz- und prozessorientierte Ziele, während kunden- bzw. markt- und mitarbeiterorientierte Ziele einen mittel- bis langfristigen Charakter aufweisen (vgl. Kapitel 9, Abschnitt IV zur Balanced Scorecard).

Ziele sind kurzfristig, wenn sie im folgenden Geschäftsjahr erreicht werden sollen. Mittelfristige Ziele erstrecken sich auf einen Zeitraum von zwei bis drei Jahren und langfristige, strategische Ziele haben einen Zeithorizont von drei bis fünf Jahren.

Es ist auf jeden Fall anzuraten, die Marketingziele schriftlich zu fixieren und sich Mechanismen einfallen zu lassen, um die Zielwerte überprüfen zu können. Ein möglicher Weg, um an Istwerte für diese Überprüfung zu gelangen, könnte zum Beispiel eine Kundenbefragung oder eine Marktstudie sein.

II. Marketingstrategie entwickeln

Die Marketingstrategie beschreibt die Art und Weise, wie die gesetzten Ziele realisiert werden sollen. Marketingstrategien sind Vorgaben, Richtlinien und Maximen, die die Stoßrichtung des unternehmerischen Handelns bestimmen. Deshalb ist die Marketingstrategie das Bindeglied zwischen

- den Marketingzielen einerseits und
- den operativen Marketingmaßnahmen andererseits.

Die Strategiebildung und die anschließende Formulierung der Umsetzungsschritte sind ein permanenter Prozess. Strategien bedürfen einer laufenden kritischen Überprüfung. Am Anfang einer Marketingstrategieentwicklung steht die Analyse der Ausgangssituation bzw. des Zielmarkts, z.B. im Rahmen der eingangs beschriebenen SWOT-Analyse.

Marketingstrategien sind Mittel der Differenzierung. Wer seinem Unternehmen längerfristig Wettbewerbsvorteile verschaffen möchte, kann unterschiedliche Strategien anwenden. Um die geeignete Marketingstrategie zu entwickeln, nehmen Sie am besten die Erkenntnisse aus der SWOT-Analyse zu Hilfe.

1. Wettbewerbsstrategie

Bei den Wettbewerbsstrategien entscheiden Sie sich entweder für Differenzierung („anders sein als andere"), z.B. durch besonders attraktive Dienstleistungen, oder für Kostenführerschaft durch Kostenvorteile über hohe Stückzahlen. Ein weiterer Aspekt ist, ob der Gesamtmarkt bedient wird oder ob nur ein Teilmarkt, eine Nische, im Fokus der Marketingaktivitäten steht.

	Leistungsvorteile	Kostenvorteile
Gesamtmarkt	Differenzierung	Umfassende Kostenführerschaft
Beschränkung auf einen Teilmarkt/ eine Nische	Konzentration auf Schwerpunkte/ Spezialisierung	

Abb. 7: Grundkonzeption für Wettbewerbsstrategien (vgl. Porter, Wettbewerbsstrategie, S. 67)

Stellen Sie sich folgende Fragen: Gehe ich auf Masse oder setze ich auf Qualität? Möchte ich den gesamten Markt, also viele unterschiedliche Kundengruppen oder lieber einen kleinen Markt und spezielle Zielgruppen mit speziellen Bedürfnissen mit meinen Produkten und Dienstleistungen erreichen?

a) Kostenführerschaft

Ziel der Strategie der umfassenden Kostenführerschaft ist es, der kostengünstigste Anbieter innerhalb der Branche sein zu können. Dies geschieht durch konsequente Nutzung von Kostenvorteilen – meist aufgrund der Produktion und des Verkaufs großer Mengen. Umgesetzt wird diese Strategie oft bei großen Filialisten und seltener in kleineren und mittleren Betrieben, z.B. in Filialen von Optikerketten.

b) Differenzierung

Die Differenzierungsstrategie hat das Ziel, sich vom Angebot der Wettbewerber erfolgreich abzuheben und etwas Einzigartiges zu schaffen. Dadurch verliert der Preisfaktor an Bedeutung, z.B. das spezielle Sortiment an Michael-Kors-Sonnenbrillen bei Top Optik.

c) Nischenanbieter

Betriebe, die sich auf Nischen konzentrieren, heben sich durch besondere Leistungen (z.B. Spitzenprodukte, hohes Serviceniveau, Qualitätsführerschaft) ab. Dadurch können höhere Preise durchgesetzt werden. Geeignet ist die Strategie für Unternehmen, die aufgrund ihrer Größe den Gesamtmarkt nicht abdecken können, aber fähig sind, auf Marktveränderungen besonders schnell und flexibel zu reagieren. Durch kontinuierliche Innovation und Markenpolitik kann ein Unternehmen, das sich auf eine Nische konzentriert, Gebiete erfolgreich bearbeiten, die größere Unternehmen vernachlässigt oder aber zu spät besetzt haben, z.B. das in diesem Buch beschriebene Top-Optik-Geschäft.

Beispiel: Selektive Qualitätsführerschaft/ Spezialisierung

Optiker Thomas Top verfolgt eine selektive Qualitätsführerschaft, d.h. er hebt sich von anderen Unternehmen ab. Durch seine passgenauen und einzigartigen Produkte kann er den Kunden Individualität und hohe Qualität bieten. Da er nur einen kleinen Betrieb besitzt, kann er den Gesamtmarkt nicht überregional abdecken und beschränkt sich daher auf einen kleinen Teil des Markts, nämlich individuelle Brillenfassungen für die Region.

Es ist in der heutigen ohnehin generell schwierigen Marktsituation wichtiger denn je, sich von den Mitbewerbern abzuheben. Die Vergleichbarkeit – vor allem der Preise – ist insbesondere durch die rasante Entwicklung des Internets ins Unermessliche gestiegen. Viele Kunden sind im Vorfeld des Kaufs bestens informiert und haben dementsprechend eine hohe Erwartungshaltung hinsichtlich der Kompetenz der Mitarbeiter des Betriebs. Deshalb gilt es in sehr vielen Betrieben, sich durch Service, Zeit, Kompetenz, aber vor allem auch durch Fachwissen positiv zu profilieren und sich damit Wettbewerbsvorteile zu verschaffen. Eine gute Möglichkeit, sein vorhandenes Fachwissen und die dadurch erworbenen Fähigkeiten angemessen zu kommunizieren, ist der Weg der Spezialisierung. Die Frage: „Warum soll der Kunde ausgerechnet in meinem Betrieb kaufen?" lässt sich in Anbetracht einer Spezialisierung leichter beantworten.

Unter „Spezialisierung" versteht man allgemein – im Gegensatz zur Diversifikation – die Konzentration auf wenige Produkte, Dienstleistungen, Problemlösungen oder Zielgruppen. Als Synonyme werden häufig – wie auch in diesem Kapitel – die Begriffe „Nische", „Marktnische", „Konzentration auf Schwerpunkte" oder „Fokussierung" verwendet.

Spezialisten ragen aus der Masse der austauschbaren Angebote regelrecht heraus und erzeugen per se eine viel höhere Aufmerksamkeit als Allrounder. Sie wecken also aufgrund ihrer Spezialisierung die Erwartung „hoher Kompetenz" und haben aus diesem Grund bereits eine hohe Anziehungskraft für kaufende und auch für potenzielle Kunden. Ob Spezialisten ihr Kompetenzversprechen auch halten, ist dabei fast schon zweitrangig. Allerdings ist mit ziemlicher Sicherheit davon auszugehen, dass sich ein Spezialist bei mangelnder Kompetenz auf längere Sicht nicht am Markt wird halten können.

Die Strategie der Spezialisierung ist insgesamt aber nicht unkritisch. Denn die Konzentration auf wenige Produkte, Dienstleistungen oder Problemlösungen bringt hohe Risiken mit sich. Ein wichtiger Punkt – wenn nicht der wichtigste überhaupt – ist, im Vorfeld zu klären, ob die ausgewählte Spezialisierung und die gegebenenfalls damit verbundenen Marktnischen überhaupt sinnvoll sind und den gewünschten Erfolg bringen können.

Bei der selektiven Qualitätsführerschaft/Spezialisierung sollten Sie herausfinden, ob der gewünschte Teilmarkt (Nische) lukrativ und groß genug ist, um langfristig darin wirtschaftlich erfolgreich zu sein. Hier sind Spitzenprodukte, hohes Kundendienst- und Serviceniveau sowie individuelle Beratung notwendig.

Wenn Sie den Weg in die Qualitätsführerschaft einschlagen, überprüfen Sie Ihre Produkte auf eine hohe Qualität und ein umfassendes Serviceangebot.

Wenn Sie die Kostenführerschaft anstreben, stellen Sie fest, inwieweit Standardisierungen, Verfahrensinnovationen oder neue Technologien bei Ihnen umsetzbar sind. Denn diese sind Voraussetzung für Niedrigpreisangebote.

Wenn Sie einen bestimmten Teilmarkt mit besonders günstigen Preisen anstreben, sollten Sie sich bewusst sein, dass diese Strategie mit einem hohen Risiko verbunden ist: Sie müssen immer auf dem technologisch neuesten Stand sein und sind nicht vor günstigeren Produktimitationen geschützt.

2. Zielgruppenstrategie

Bei der Zielgruppenstrategie arbeiten Sie an den Produkten und Märkten bzw. Kundengruppen. Eine Frage lautet: Wollen Sie Ihre Produkte gleich lassen oder verändern? Eine weitere Frage lautet: Wollen Sie Ihre Produkte (vorhandene/neue) den bisherigen Kundengruppen anbieten oder neue Märkte erschließen?

Märkte / Produkte	vorhanden	neu
vorhanden	Marktdurchdringung	Markterschließung
neu	Sortimentserweiterung	Diversifikation

Abb. 8: Produkt-Markt-Matrix (nach Ansoff)

Bei der **Marktdurchdringung** wird versucht, die Position des Unternehmens auf den angestammten Märkten mit den bestehenden Produkten zu festigen. Man strebt also eine verbesserte Marktpenetration an. Zu denken ist hier beispielsweise an Kundenbindungsprogramme, die dafür sorgen sollen, dass vorhandene Kunden immer wieder kaufen.

Bei der **Produktentwicklung** werden neu entwickelte Produkte auf dem bisher schon bearbeiteten Markt angeboten, z.B. eine neu entwickelte und in höchstem Maße sauerstoffdurchlässige Kontaktlinse.

Marktentwicklung bedeutet, dass bereits vorhandene Produkte zusätzlich auf neuen Märkten angeboten werden. Dazu zählt neben dem Eintritt in neue Absatzregionen z.B. auch die Erschließung neuer Kundengruppen durch ein Abo-System, bei dem die Kontaktlinsen frei Haus geliefert werden.

Diversifikation ist der Einstieg sowohl in neue Produkte als auch in neue Märkte, d.h. konkret das Verlassen der traditionellen Geschäftsfelder. Diese Entscheidung birgt Risiken, da man sich in diesen komplett neuen Geschäftsfeldern erst die Kompetenz erarbeiten muss. Mit der Diversifikationsstrategie möchte man sich weitere Standbeine aufbauen. Optiker Top könnte z.B. ein Hörakustik-Geschäft eröffnen.

Beispiel: Sortimentserweiterung

Nach intensiver Überprüfung der für ihn möglichen Marktfeld-/Zielgruppenstrategien hat sich Herr Top dazu entschlossen, für seine Kunden auch digitale Optometrie (z.B. Screenings und Augenhintergrundbetrachtungen) anzubieten.

III. Sich positionieren

Positionieren heißt, sich in den Augen der Kunden so darstellen, dass der Kunde eine klare Vorstellung davon erhält, wofür das Unternehmen steht, was ihn dort erwartet und welche Vorteile es für ihn hat, genau bei diesem Unternehmen einzukaufen. Die Positionierung ist also eng mit der Frage verbunden, welches Image Ihr Betrieb bei der Zielgruppe hat. Nur wenn es gelingt, Ihrem Unternehmen ein klares eindeutiges Profil zu geben, ist der Kunde überhaupt in der Lage, den Unterschied zwischen der Leistung Ihres Unternehmens und der des Wettbewerbers zu erkennen und sich für Ihr Angebot und Ihr Unternehmen zu entscheiden.

Die Anforderungen an eine erfolgreiche Positionierung sind:

- Die Positionierung muss überzeugend sein: Sie muss einen deutlichen Mehrwert gegenüber dem Wettbewerb und dessen Angeboten erkennen lassen.

- Die Positionierung muss plausibel sein: Die Aussagen und Argumente müssen aufeinander aufbauen und sich gegenseitig verstärken.
- Die Positionierung muss über längere Zeit tragfähig sein: Sie muss auf einer durchdachten Strategie beruhen, die über den Tag hinausgeht.

Voraussetzung für eine erfolgreiche Positionierung ist eine klare Vorstellung davon, wofür Ihr Unternehmen stehen soll und was Sie erreichen wollen, also die Klärung Ihrer Identität. Der Philosoph Lengert (Herausforderung Zukunft, S. 13 ff.) hat im Zusammenhang mit der Identitätsklärung drei W-Fragen geprägt:

- Wer bin ich?
- Was bin ich?
- Wie bin ich?

Identität lässt sich als die Übereinstimmung von Anspruch und Wirklichkeit definieren. Daraus folgt: Wenn ich eine bestimmte Position beziehe und mit einem bestimmten Anspruch auftrete, muss ich mich entsprechend verhalten. Wenn ich für mich beanspruche, Spezialist von individuellen Dienstleistungen zu sein, muss ich in jeder Hinsicht optimale Qualität bieten. Wenn ich für mich beanspruche, meinen Kunden einen besonderen Service zu bieten, muss ich diesen Anspruch vom ersten Kundenkontakt bis zum After-Sales-Service einlösen. Wenn ich für mich beanspruche, meinen Kunden günstige Preise zu bieten, muss ich dafür sorgen, dass jeder Schnäppchenjäger bei mir die Preise findet, die er sich vorstellt.

Mit einer schönen Idee und einer klaren Zielvorstellung ist es allerdings nicht getan. Ich muss die Idee in eine tragfähige Strategie umsetzen. Die bewusste Entscheidung für eine Strategie ist Voraussetzung für den Markterfolg, also die Antwort auf die Frage: Wie will ich mich positionieren? Es gibt dabei verschiedene Möglichkeiten, aber eine Sache ist ganz klar: Es reicht nicht aus, „einige" Kosten- oder Leistungsvorteile zu haben. Versuchen Sie nicht, allen alles zu bieten. Konzentrieren Sie sich auf eine Sache und bauen Sie diese aus.

Beispiel: Positionierung des Augenoptikers

Damit die Kunden mit dem Namen „Top Optik" Qualität und Individualität verbinden, hat sich Herr Top auf den Verkauf von maßgefertigten und individuellen Brillenfassungen konzentriert. Es wurde Werbung für das modernste und einzigartige Mess- und Herstellungsverfahren gemacht. Durch den Gesichtsscanner hat Thomas Top einen großen Vorteil gegenüber seinen Wettbewerbern. Diese Veränderung können Konkurrenten aufgrund des damit verbundenen Investments nicht so leicht nachmachen.

Checkliste: Positionierung	**Ja**	**Nein**
Beibehaltung der Marktposition: ☐ *Ist die Zielgruppe aktuell und zukünftig als wirtschaftlich ertragsstark einzuschätzen?* ☐ *Hat mein Unternehmen Wettbewerbsvorteile und wird dies auch in Zukunft so sein?*		
Umpositionierung: ☐ *Ist eine Schrumpfung der Zielgruppe z.B.* – *aufgrund veränderter Nutzerbedürfnisse durch Digitalisierung und Onlinevertrieb oder* – *aufgrund des demografischen Wandels* *zu erwarten?* ☐ *Lassen sich mit den jeweiligen Produkten Wachstums- und Ertragsziele des Unternehmens nicht mehr realisieren?* ☐ *Wird mein Konkurrenzvorteil durch Konkurrenzaktivitäten anderer allmählich beeinträchtigt, z.B. durch Me-too-Strategien des Wettbewerbers?*		
Neupositionierung: ☐ *Gibt es neue Technologien, die einen entscheidenden Einfluss auf das bestehende Geschäftsmodell (siehe folgende Punkte) haben werden (z.B. Kunde informiert sich online und beteiligt sich an Individualisierungsprozessen, Stichwort: Prosumer (Produzent und Consumer)?*		

☐ *Hat Ihr Unternehmen keine Vorteile gegenüber der Konkurrenz mehr und auch keine Chance, den Vorsprung der Konkurrenz aufzuholen?* ☐ *Hat sich die Einstellung der Zielgruppe zu dem Produkt in den negativen Bereich hinein verschoben?* ☐ *Ist die bearbeitete Zielgruppe wirtschaftlich nicht mehr interessant, z.B. weil sie inzwischen zu klein geworden ist?*		

IV. Ein Geschäftsmodell entwickeln

Der letzte und entscheidende Schritt bei der Marketingziel- und -strategiefestlegung ist die Formulierung des Geschäftsmodells. Beim Geschäftsmodell handelt es sich um eine zusammenfassende Darstellung dessen, was den nachhaltigen Erfolg des Unternehmens ausmacht. Das Geschäftsmodell beschreibt auf hohem Abstraktionsniveau die Geschäftsprozesse. Es veranschaulicht die Geschäftsidee und die Mittel und Wege, wie diese Idee erfolgreich umgesetzt werden soll. Es umfasst

- die Leistungserstellungsprozesse,
- die Wertschöpfungskette und
- die Verbindungen zu allen relevanten Beteiligten (vgl. Nagl, Der Businessplan, S. 21).

Ein Geschäftsmodell wird nur dann langfristig Erfolg haben, wenn es einen eindeutigen Kundennutzen in einem ausreichend großen Markt bei einer entsprechenden Profitabilität verspricht. Zudem sollen durch das Geschäftsmodell die Ziele eines Unternehmens sowohl mit einer Vision als auch einer Mission aufgezeigt werden.

Um mit einem Unternehmen langfristig erfolgreich zu sein, müssen sich die Mitarbeiter mit ihm identifizieren können. Eine Vision ist ein Zukunftsbild und sagt aus, wofür das Unternehmen steht. Sie ist essenziell für die Positionierung in der Öffentlichkeit und zeigt zudem den Mitarbeitern, welchen Sinn und Nutzen ihre Arbeit hat. Durch die Möglichkeit, selbstständig Entscheidungen zu treffen und zu operativen Zielen beizutragen, wird eine emotionale Bindung zum Unternehmen hergestellt. Durch diese Bindung entwickelt sich das unternehmerische Engagement der Mitarbeiter. Eine gute Vision kann diese Identifikation schaffen, indem sie aufzeigt, was im Unternehmen geschieht und warum. Ein Beispiel für eine Vision lautet: „Einen besseren Alltag für die vielen Menschen schaffen." (IKEA)

Die Mission beschreibt den Auftrag, den sich ein Unternehmen selbst gegeben hat, und richtet sich hauptsächlich an die Kunden. Sie formuliert ein konkretes Geschäftsziel für die nächsten zwei bis drei Jahre. Ihre Aufgabe ist es, entscheidende Werte der Kunden aufzugreifen, um einen vertrauensvollen und loyalen Kundenstamm aufzubauen. Die Mission drückt aus, wie das Unternehmen von den Kunden gesehen werden will. Durch die Vision/Mission sollen so viele Interessengruppen wie möglich vom Unternehmen überzeugt und begeistert werden. Zu diesen Interessengruppen gehören unter anderem Führungskräfte, Mitarbeiter und Kunden. Ein Beispiel für eine Mission lautet: „Ein breites Sortiment formschöner und funktionsgerechter Einrichtungsgegenstände zu Preisen anzubieten, die so günstig sind, dass möglichst viele Menschen sie sich leisten können." (IKEA)

Jede unternehmerische Aufgabe besteht aus dem Zusammenspiel einer Reihe von Einzeltätigkeiten. Werden sie systematisch in ihrem Zusammenhang dargestellt, wird ein Geschäftsmodell erkennbar. Das Geschäftsmodell beschreibt die Aktivitäten eines Unternehmens, die zur Bereitstellung und ggf. Auslieferung eines Produkts bzw. einer Dienstleistung an einen Kunden notwendig sind.

Grundlage eines erfolgreichen Geschäftsmodells ist eine klare Vorstellung des zu modellierenden Geschäfts, also der Produkt-Markt-Kombination, sowie deren angestrebte wettbewerbsstrategischen Besonderheiten. Es gibt zahlreiche unterschiedliche Ansätze zur Entwicklung von Geschäftsmodellen, die alle in gewisser Weise auf dasselbe hinauslaufen. Nämlich darauf, die Geschäftstätigkeiten eines Unternehmens zu verstehen, systematisch zu durchdenken und transparent darzustellen.

Drei charakteristische Dimensionen, die ein Geschäftsmodell beschreiben, sind nach Bozem (2013, S. 77) das Leistungsangebot, die Leistungserstellung und die Gewinnerzielung. Zur Umsetzung des Geschäftsmodells werden zudem noch die Investitions- und Finanzmittelbedarfe integriert. Das „Leistungsangebot" umfasst dabei das Wissen um den Kundenbedarf und die Einhaltung des Nutzenversprechens. Ebenso gehören die technischen Eigenschaften eines Produkts in die Produkt- und Dienstleistungsentwicklung zur Generierung eines Leistungsangebots. Die zweite Dimension der „Leistungserstellung" beinhaltet sämtliche Prozesse eines Unternehmens sowie dessen Mitarbeiter und Management. Werden die Erlöse den Kosten gegenübergestellt, muss langfristig ein Gewinn herauskommen. Die drei Dimensionen führen so zu einem belastbaren Business Case.

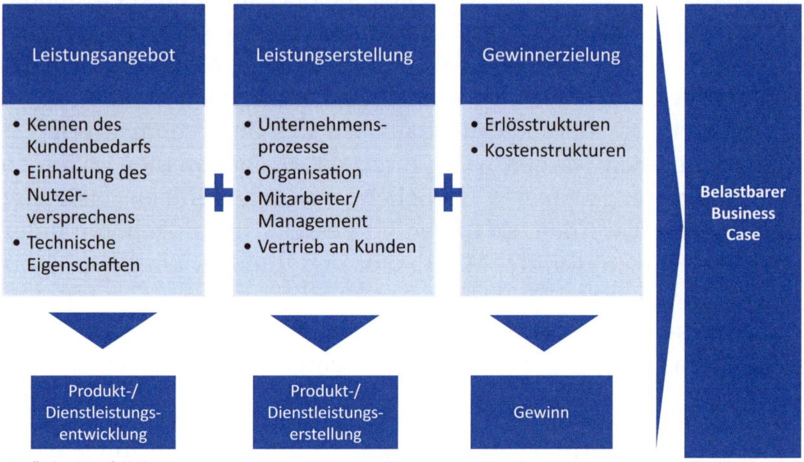

Abb. 9: Drei Dimensionen eines Geschäftsmodells nach Bozem

Osterwalder und Pigneur (2011) entwickelten ein Grundmodell – das Business Model Canvas – und kombinieren dabei die Wertschöpfung mit dem Produktlebenszyklus. Das Business Model Canvas dient als Werkzeug zur Entwicklung und Visualisierung von Geschäftsmodellen und bietet neben einer Checkliste einen Überblick über die zu erledigenden Aufgaben und Analysen. Das Business Model Canvas wird vor allem in großen Konzernen zur Geschäftsmodellentwicklung eingesetzt, da es den Mitarbeitern im Unternehmen die Möglichkeit gibt, im Rahmen der Diskussionen bei der gemeinsamen Entwicklung des Geschäftsmodells ein gemeinsames Verständnis zu schaffen. Mit den drei Dimensionen von Bozem kommen kleine und mittlere Unternehmen erfahrungsgemäß ohne große Umwege effektiv (die richtigen Dinge tun) und effizient (die Dinge richtig tun) zu einem zukunftsfähigen Geschäftsmodell.

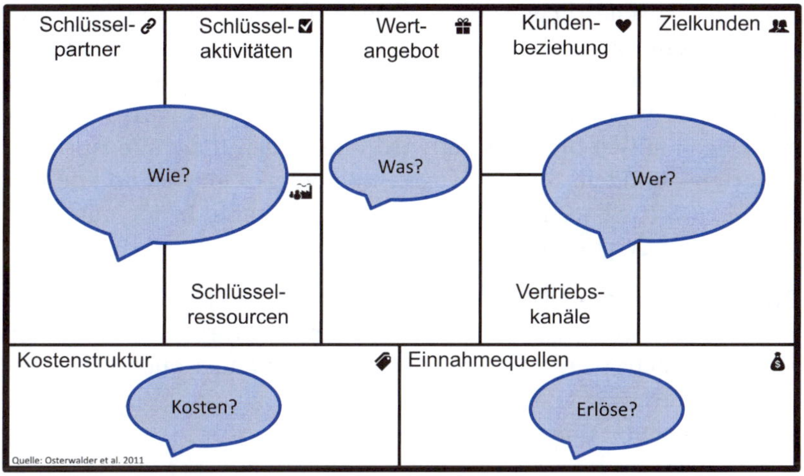

Abb. 10: Geschäftsmodell Canvas

1. Open Innovation

Eine Innovation beschreibt eine Neuerung, die durch wirtschaftlichen, sozialen und technischen Wandel hervorgerufen werden kann. Hierbei handelt es sich um eine neue Idee, neue Verfahrensweisen oder um neue Produkte.

Man unterscheidet in diesem Zusammenhang

- die Prozessinnovation und
- die Produktinnovation.

Die Prozessinnovation kann eine Optimierung in der Produktion sein, wodurch ein Produkt z.B. durch neue Rohstoffe oder Verfahren verbessert wird. Durch Prozessinnovationen können Kosten eingespart oder Produkte oder Dienstleistungen qualitativ hochwertiger hergestellt werden. Zudem kann ein Prozess schneller und z.B. auch sicherer werden. Produktinnovationen sind meist neu entwickelte Produkte oder auch Weiterentwicklungen bereits bestehender Produkte sowie das Angebot von Services (XAAS = everything as a service). Mit der Neuentwicklung oder Veränderung eines Produkts oder einer Dienstleistung kann eine neue Nutzendimension beim Kunden hinzukommen, wie z.B. Physiotherapie zu Hause (vgl. Kapitel 5, Abschnitt II). Die Veränderung eines Produkts kann gleichzeitig auch eine Umstellung des Produktionsprozesses darstellen und somit zu einer Prozessinnovation führen.

Für den wirtschaftlichen Erfolg eines Unternehmens spielen Innovationen eine zentrale Rolle. Bei einem Open-Innovation-Prozess werden interne Lösungsansätze mit externen Ideen und Vorschlägen kombiniert, was dazu führt, dass die Abgrenzung eines Unternehmens nach außen hin geöffnet wird und in den Innovationsprozess Experten-, Kunden- und Lieferantenmeinungen einfließen können. Zur Generierung solcher Ideen zählen sogenannte Inside-out-, Outside-in- und Coupled-Prozesse.

Durch den Inside-out-Prozess können Ideen und neu entwickelte Technologien eines Unternehmens schneller verbreitet und auf den Markt gebracht werden. Des Weiteren können aber auch im Unternehmen entstandene Ideen oder Innovationen nach außen wandern und dort genutzt und umgesetzt werden.

Der Outside-in-Prozess hingegen liefert dem Unternehmen wertvolles Wissen und Verbesserungsvorschläge von Experten, Lieferanten, Kunden, anderen Unternehmen und z.B. auch von Universitäten und Forschungseinrichtungen. Dadurch kann das Unternehmen seine internen Innovationsprozesse mit externen Ideen anreichern, abgleichen und optimieren.

Der Coupled-Prozess verbindet die ersten beiden Kernansätze der Open-Innovation-Prozesse und stellt sicher, dass durch Austausch von internem und externem Wissen neue Entwicklungen und Innovationen entstehen. Durch die Berücksichtigung aller Aspekte erhoffen sich Unternehmen Erfolg versprechende Neuerungen in Bezug auf Prozess- und Produktentwicklungen.

Die nachfolgende Grafik verdeutlicht den Zusammenhang der beschriebenen Prozesse:

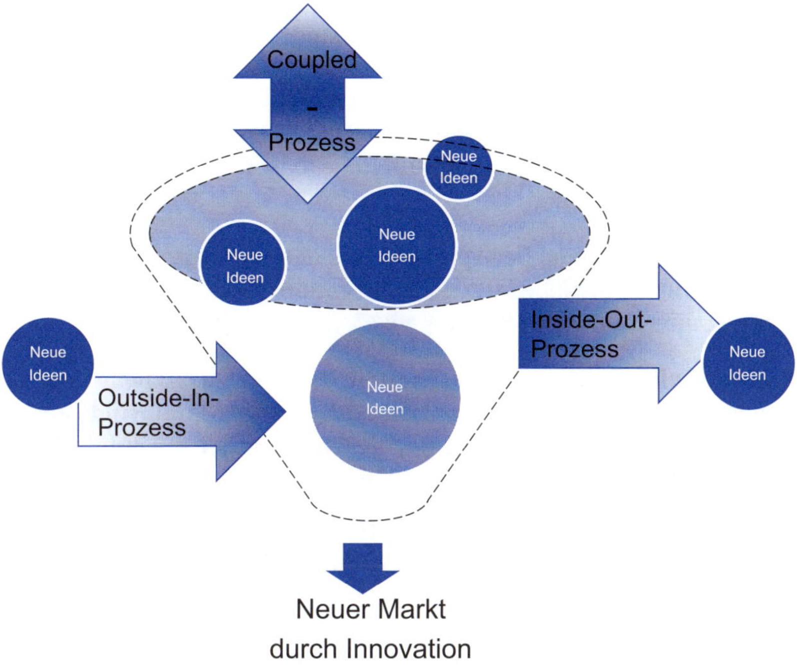

Abb. 11: Kernprozesse des Open-Innovation-Ansatzes (in Anlehnung an Reichwald/Piller, Interaktive Wertschöpfung, S. 148; Gassmann/Enkel, Open Innovation: Externe Hebeleffekte in der Innovation erzielen)

Neue Ideen können demnach innerhalb eines Unternehmens, aber auch außerhalb entstehen. Durch die durchlässigen Unternehmensgrenzen entsteht eine Kooperation aus internem und externem Wissen, was zu einer Verbesserung der Grundidee führen kann. Positiv auf den Wertschöpfungsprozess wirkt sich z.B. die aktive Beteiligung von Kunden aus. Durch die Miteinbeziehung von Verbrauchergruppen lassen sich gezielt Geschäftsprozesse optimieren und auf Kundenwünsche ausrichten. Um Kundenansprüchen gerecht zu werden, können Produkte in verschiedenen Ausführungen angeboten werden – bis hin zur individuell angepassten Auftragsfertigung (vgl. Reichwald und Piller, Interaktive Wertschöpfung, S. 291).

Eine Innovation könnte eine technische, wirtschaftliche oder soziale Neuerung einer bestehenden Idee oder eine Neuentwicklung sein. Um eine Geschäftsstrategie umzusetzen und den Umsatz zu steigern, kann ein Geschäftsmodell-Muster genutzt werden. Dieses muss je nach Branche, Art des Unternehmens und Art des Produkts (bzw. Art der Dienstleistung) erarbeitet und zusammengestellt werden.

In einem Unternehmen können mehrere Geschäftsmodell-Muster angewendet werden. Diese können sowohl den Umsatz steigern als auch die Kundenzufriedenheit erhöhen. Beispiele für Geschäftsmodell-Muster sind:

- **Add-on:** Zu einem Basisprodukt werden Zusätze verkauft (z.B. Klimaanlage, Schiebedach und Navigationsgerät als Zusatzausstattung beim Kauf eines Neuwagens).
- **Cross-Selling:** Zu einem Basisprodukt werden zusätzliche Produkte verkauft, die auf das Kundenbedürfnis abgestimmt sind (bei einem Augenoptiker werden z.B. zusätzlich zur Brille Kontaktlinsen oder eine Lesebrille verkauft).
- **Internethandel:** Viele Einzelhändler bieten ihre Produkte sowohl in stationären Geschäften als auch über das Internet an (z.B. H&M, Zara usw.).
- **Franchising:** Ein bestehendes Unternehmen bietet sein Geschäftsmodell selbstständigen Partnern gegen eine Gebühr an. Der Franchisepartner profitiert von Image und Bekanntheitsgrad des bestehenden Unternehmens und kann bestenfalls den bestehenden Kundenstamm übernehmen (z.B. die Fachhandelskette für Tiernahrung und -zubehör „Fressnapf").
- **Long Tail:** Unternehmen konzentrieren sich auf Produkte, die eine geringe Nachfrage haben, sogenannte „Nischenprodukte" (z.B. Amazon: 40 % des Buchumsatzes wird mit Nischenprodukten erzielt).
- **Mass Customization** (siehe auch Kapitel 4): Unternehmen nutzen die Vorteile der Massenproduktion und bieten ihren Kunden dennoch Individualität durch kleine Veränderungen, die der Kunde selbst gestalten kann (z.B. mymuesli).

Für die Analyse Ihres Geschäftsmodells gibt es einige Tools, die Ihnen zur Auswertung dienen können. Diese Tools sind z.B. der Marketingmix (4Ps: Produkt, Preis, Placement, Promotion) bzw. SAVE, das Benchmarking (vgl. Kapitel 5, Abschnitt II), die SWOT-Analyse (vgl. Kapitel 1, Abschnitt III) und die Überprüfung der Wertschöpfungskette. Jedoch sollte der Fokus beim Marketingmix nicht zu stark auf den technischen Eigenschaften des Produkts liegen. Es muss über

Produkt und Technik hinaus gedacht und ein besonderes Augenmerk auf den Wert für den Kunden gelegt werden.

Deshalb ist es in manchen Fällen sinnvoll, die 4Ps durch das kundenorientiertere SAVE (Solution, Access, Value, Education) zu ersetzen.

- Statt auf Produkten liegt der Fokus auf Lösungen (Solution): Die Angebote sollten von der Lösung her definiert werden. Ein Kunde möchte nicht das Produkt kaufen, sondern den Nutzen, den er durch dieses Produkt hat, z.B. ist dem Kunden optimales Sehen wichtig und nicht, ob er vom Augenoptiker eine Brille oder Kontaktlinsen angeboten bekommt.
- Der Zugang (Access) zum Kunden entscheidet über die Vertriebspolitik: Der Kaufentscheidungsprozess ist um ein Vielfaches komplizierter geworden. Dies erfordert eine gut durchdachte Strategie über die verschiedenen Kanäle hinweg (Omnichannel), die Kunden auf ihrem Weg zur Entscheidung zurate ziehen, z.B. online informieren und offline im Geschäft kaufen.
- Der Preis ist relativ: Statt von den Produktionskosten oder den Preisen der Wettbewerber auszugehen, sollte der Preis für Produkte und Dienstleistungen nach den Vorteilen und dem Wert (Value) des Angebots für die Konsumenten ermittelt werden. Ein Beispiel: Wie viel ist es dem Kunden wert, unabhängig von einem Energieunternehmen zu sein und den Strom selbst zu produzieren?
- Der Fokus sollte nicht auf Werbung, sondern auf Kommunikation gelegt werden: Der Kunde möchte über Produkte und Dienstleistungen informiert sein und etwas darüber „lernen" (Education), um sein Wissen zu erweitern (vgl. Ettenson/Conrado/Knowles, Rethinking the 4 P's).

2. Design Thinking

Design Thinking stellt eine kreative Methode zur Innovations- und Geschäftsmodellentwicklung dar, die die Bedürfnisse des Menschen in den Mittelpunkt stellt. Design Thinking bedeutet also vom Kunden, seinen Bedürfnissen und Wünschen „aus" zu denken. Sehr hilfreich ist, wenn sich nicht nur eine einzelne Person mit den Wünschen und Bedürfnissen der Kunden beschäftigt, sondern interdisziplinär zusammengesetzte Teams sich in die Kunden hineinversetzen. So werden in einen solchen Design Thinking-Prozess unterschiedliche Sichtweisen und Erfahrungen diskutiert. Die Umgebung und Einrichtung des Teamraums spielen eine wichtige Rolle für die Kommunikation und die Kreativität der Mitglieder. Es sollte z.B. für ausreichend Platz gesorgt sein, um geeignete Rückzugsorte für die erste Ideenfindung zu schaffen. Der Prozess der Ideenfindung definiert sich bei dieser Methode durch eine kreative Offenheit. Dennoch orientiert sich der Design Thinking-Prozess meist an den folgenden Schritten:

1. Verstehen: Am Beginn eines jeden Innovationsprozesses stehen die Offenheit und das Verständnis gegenüber einer bestimmten definierten Problemstellung. Alle Mitglieder befassen sich mit dem vorgegebenen Problemfeld und versuchen sich durch Recherchen auf einen gemeinsamen Wissensstand zu bringen.

2. Beobachten: Im Anschluss werden qualitative Untersuchungen durchgeführt, die – falls möglich – direkt am Menschen erfolgen. Im Fokus der Beobachtungen stehen jedoch nicht die gewöhnlichen Kunden, die Teil jeder Marktforschung sind, sondern diejenigen, die dem Produkt einen anderen Nutzen gegeben haben oder es komplett ablehnen. Hierbei ist es wichtig, diese Gruppen direkt in ihrem jeweiligen Umfeld zu befragen, um einen besseren Einblick zu bekommen. Mithilfe von Fotos, Notizen und Skizzen wird den anderen Teammitgliedern dann das Problem „visualisiert".

3. Synthese: Die vielen gesammelten Daten und Eindrücke werden mit dem Team geteilt und analysiert. Durch die Präsentationen der unterschiedlichen Erfahrungen werden alle Mitglieder auf den gleichen Wissensstand gebracht. Dies geschieht, indem die Notizen und Fotos an die Wände des Projektraums gehängt werden. Während der Vorträge soll ein Dialog zwischen den Mitgliedern entstehen.

4. Ideengenerierung: Es werden spezielle Fragestellungen aus den potenziellen Innovationsfeldern formuliert. Im anschließenden Brainstorming werden Ideen durch Skizzen verdeutlicht und in der Gruppe sortiert, gruppiert und ausgewählt. (siehe auch Kapitel 5, Abschnitt III)

5. Prototyping: Aus jeder Idee werden nun Prototypen hergestellt – ein Produkt wird z.B. aus Pappe gefertigt, eine Dienstleistung als Rollenspiel ausgearbeitet. Durch wiederholte Rollenspiele kann eine Idee optimiert und weiter ausgebaut werden. Dadurch lässt sich früh erkennen, welche Ideen ausbaufähig sind und welche nicht.

6. Tests: Da der Mensch im Mittelpunkt des Design Thinking-Prozesses steht, wird bei den vorher Befragten noch einmal Feedback eingeholt, das wiederum zur Verfeinerung der Ideen dient (vgl. Grots, A./Pratschke, M., Design Thinking – Kreativität als Methode, S. 18 ff.).

Durch die ständigen Wiederholungen können gute Ideen erarbeitet, modifiziert und optimiert werden. Nicht durchsetzungsfähige Ideen hingegen können im Laufe des Design Thinking-Prozesses erkannt und aussortiert werden, was bei Früherkennung hohe Entwicklungskosten einsparen kann. Die einzelnen Schritte müssen nicht strikt aufeinander folgen, sie können ebenso ineinandergreifend aufgebaut sein. Neue Ideen sind, egal in welchem Schritt sie entstehen, zunächst zu sammeln und dann zusammenzutragen. Eine vorzeitige Fixierung auf einen Einfall kann die Kreativität und Offenheit gegenüber anderen Ideen blockieren und sollte deshalb vermieden werden. Die Einzigartigkeit dieser Methode liegt in der Verbildlichung der einzelnen Innovationsideen, durch welche die Entwicklung noch effektiver gestaltet werden kann (vgl. Grots, A./Pratschke, M., Design Thinking – Kreativität als Methode, S. 22 f.).

3. Der unternehmerische Wertschöpfungsprozess

Beispiel: Unternehmen im Zeitalter von Industrie 4.0

Karsten Winter, Hersteller von Heizkörperthermostaten, bietet seinen Kunden einen neuartigen Thermostat an, der gesammelte Daten über das Internet in eine Cloud laden kann. Diese Daten beinhalten das Heizverhalten der Endverbraucher. Der Vorteil für den Kunden ist hierbei ein aus diesen Daten abgeleitetes Einsparpotenzial. Mit den Informationen kann Herr Winter verbesserte Produkte und individuelle Beratung und Service bieten. Durch die Nutzung neuer Technologien erschafft er sich einen neuen Markt und muss nicht mit seinen Mitbewerbern um Absatz, Umsatz und Marktanteile kämpfen (vgl. Kapitel 1 zur Blue-Ocean-Strategie).

In Abgrenzung zu diesen strategischen Ausgangsüberlegungen in Form der bereits erläuterten SWOT-Analyse geht es beim Geschäftsmodell in erster Linie um die Darstellung des unternehmerischen Wertschöpfungsprozesses im Hinblick darauf,

- wie der Betrieb plant, seine Geschäfte anzubahnen und abzuwickeln, und

- welche Partner dabei welche Aufgaben bzw. Prozessteile übernehmen sollen.

Das Modell der Wertschöpfungskette geht ursprünglich auf Michael Porter zurück, der sich erstmals mit grundlegenden Elementen und einzelnen Tätigkeiten eines Unternehmens auseinandergesetzt hat.

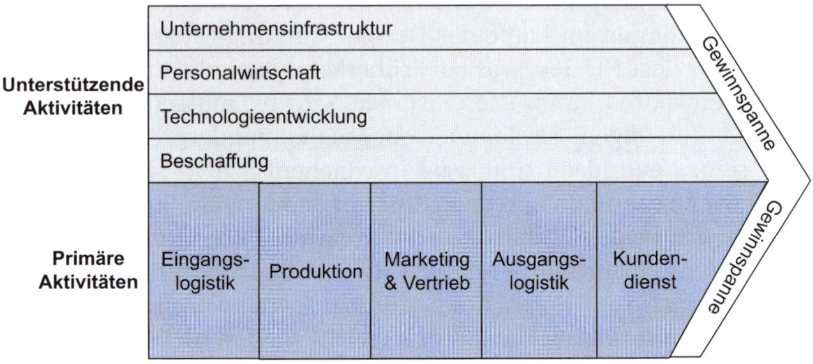

Abb. 12: Die Wertschöpfungskette (vgl. Porter, Wettbewerbsstrategie)

Grundsätzlich lassen sich zwei Typen von Wertaktivitäten unterscheiden: primäre und unterstützende Aktivitäten. Während Erstere auf die Erstellung und Vermarktung der eigentlichen Unternehmensleistung ausgerichtet sind, wirken Letztere auf den ganzen Betrieb und sorgen für einen reibungslosen Ablauf der Primäraktivitäten.

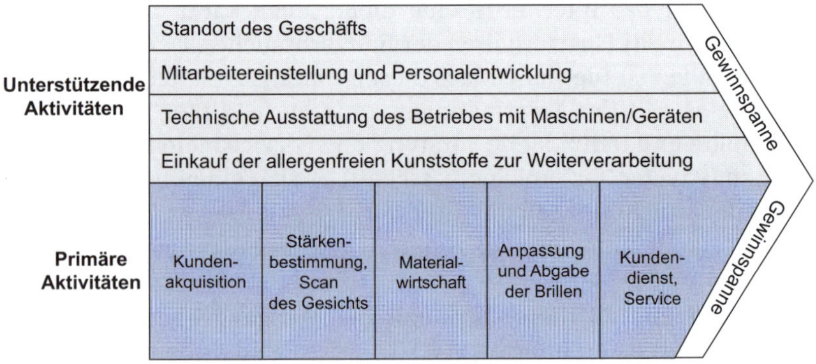

Abb. 13: Die Wertschöpfungskette am Beispiel von Top Optik

Die Wertschöpfungskette gliedert nach Porter ein Unternehmen in strategisch relevante Tätigkeiten, um dadurch Kostenverhalten sowie vorhandene und potenzielle Differenzierungsquellen zu verstehen. Nach innen steht die geschäftsspezifische Ausgestaltung der notwendigen Teilprozesse zur Werterschaffung und Erzielung von Wettbewerbsvorteilen im Mittelpunkt.

V. Das Marketingbudget planen

Grundvoraussetzung für einen Marketingplan ist nicht nur, dass er realisierbar ist, sondern auch, dass sich die Geschäftsidee rechnet, also die Rendite stimmt. Hierzu ist eine Budgetplanung notwendig, die Auskunft über Erfolg bzw. Misserfolg der operativen Marketingmaßnahmen gibt.

Bevor Sie Ihr Marketingbudget festlegen, ist es unerlässlich zu planen, wie viel Budget Sie für welchen Zweck benötigen. Wollen Sie ein neues Produkt bewerben, neue Zielgruppen auf Ihre Leistungen aufmerksam machen oder ein bestimmtes Image für Ihr Unternehmen transportieren? Brauchen Sie vorab eine fachliche Beratung oder ein Werbekonzept, bevor Sie loslegen können? Oder fangen Sie ganz von vorne an und befassen sich im ersten Schritt mit Marktforschung und dem Aufbau einer Onlinepräsenz (Website)?

Beispiel: Budgetplanung des Optikergeschäfts Top Optik

Herr Top muss nun im Rahmen der Budgetplanung herausarbeiten,

- wie viele Mitarbeiter er für die Realisierung seiner Marketingziele benötigt,
- ob Produktneuentwicklungen zur Realisierung seiner Marketingziele notwendig sind,
- in welcher Form er seine potenziellen Zielkunden ansprechen möchte und
- wie viel Budget er für all das benötigt.

Folgende Ansätze der Budgetplanung sind in kleinen Unternehmen durchaus üblich:

- Das Marketingbudget orientiert sich am Umsatz in Prozent.
- Das Marketingbudget orientiert sich am Gewinn in Prozent.
- Das Marketingbudget orientiert sich an dem, was man „übrig hat".

Diese drei Ansätze sind aber – wie auch das Beispiel von Top Optik zeigt – nicht empfehlenswert, da sie sich an Vergangenheitswerten orientieren. Ein weiterer möglicher Ansatz wäre, dass sich das Marketingbudget am Wettbewerb orientiert. Diese Form der Budgetplanung ist jedoch auch nicht ratsam, da die Marktstellung des Wettbewerbs, seine Ziele und Strategien keineswegs maßgeblich für Ihr Unternehmen sind.

1. Das Marketingbudget zielorientiert festlegen

Daher sollte sich das Marketingbudget an den Zielen Ihres Unternehmens orientieren. Diese Methode gewährleistet, dass Ihr Marketingbudget dort wirkt, wo es auch wirken soll. Grundlage für diese Methode sind die bereits besprochene fundierte Analyse der Ausgangssituation und die Festlegung der Marketingziele und -strategien.

Die Budgetierung ist also untrennbar mit der Planung des unternehmerischen Zielsystems verknüpft. Zur Umsetzung von Zielen und Strategien benötigt das Unternehmen finanzielle Mittel. Entsprechend sind strategische Programme zu budgetieren, um sowohl den verfügbaren Gesamtetat des Unternehmens als auch die Teiletats der Geschäftsbereiche und Funktionen bestimmen zu können.

§ Unter einem Budget wird die systematische Zusammenstellung der während einer Periode erwarteten Mengen- und Wertgrößen verstanden.

Die Budgetierung hat die Aufgabe, den unternehmerischen Erfolg auf der Basis von Annahmen über die zukünftige Entwicklung der Umwelt zu schätzen. Sie dient damit in zweifacher Hinsicht als Entscheidungsgrundlage für Eigentümer, Management und Fremdkapitalgeber:

- Mithilfe von Budgets können die finanziellen Auswirkungen, z.B. Gewinn und Liquidität, verschiedener Annahmen über die erwartete Unternehmensentwicklung untersucht werden. Dies erlaubt eine quantitativ abgestützte Entscheidung über die zu verfolgenden Unternehmensziele und die zu wählenden Maßnahmen.
- Das Budget ist ein Führungsinstrument, das verbindliche quantitative mengen- und wertmäßige Zielvorgaben aufstellt.

Das Budget umfasst in diesem Sinne die Gesamtheit der Ressourcen (Finanzmittel, Personal, Betriebsmittel usw.), die einem organisatorischen Verantwortungsbereich, z.B. einer Abteilung oder Stelle, für einen bestimmten Zeitraum (lang-, mittel- oder kurzfristig) zur Erfüllung der übertragenen Aufgaben durch eine verbindliche Vereinbarung zur Verfügung gestellt wird.

Checkliste: Budgetplanung	**Antwort**
☐ *Welche Marketingziele streben Sie an?*	
☐ *Welche Zielgruppen und wie viele potenzielle Kunden sollen Ihr Unternehmen kennen?*	
☐ *Wie sollen potenzielle Kunden über Ihr Unternehmen denken?*	
☐ *Welche Leistungen wollen Sie wie am Markt positionieren?*	
☐ *Welche Markt- und Preisstellung streben Sie an?*	
☐ *Wie viel Umsatz und Deckungsbeitrag wollen Sie in welchen Märkten in welchen Zeiträumen erwirtschaften?*	

Ein Vorteil dieser Art der Budgetplanung liegt darin, dass das Marketingbudget konzentriert eingesetzt werden kann. Eine Grundbedingung wirksamer Kommunikation ist nämlich die Penetration: Die von Ihnen anvisierte Zielgruppe soll an Ihren Informationen nicht vorbeikommen.

Ein weiterer Vorteil ist, dass das Marketingbudget verzahnt eingesetzt werden kann. Entscheidend für einen effizienten Einsatz des Budgets ist auch der integrierte Marketingmix: Von der Anzeigenserie in der Lokalpresse über die Homepage bis hin zu über die CRM-Datenbank (CRM = Customer Relationship Management) durchgeführte Adressqualifizierung für Direct Mailings und den Flyerversand ist allein schon die Gestaltung des Kommunikationsmixes eine Herausforderung.

Bei allen Marketinginvestitionen und damit auch für die Marketingbudgetplanung gilt es, auch diese Fragen zu beantworten:

- Rechnen sich die Investitionen? Sind die finanziellen Mittel wirtschaftlich eingesetzt? Tragen sie zu einer Verbesserung der Unternehmenssituation bei? Es gestaltet sich häufig schwierig bis unmöglich, die Höhe der Marketingausgaben auf einen konkreten Geschäftserfolg zu beziehen, weil keine konkreten Daten erhoben wurden.

- Welche Maßnahmen hatten welche Wirkung? Werbewirkungskontrolle beginnt immer bei der Frage, wer wann mit Ihrem Unternehmen zu welchem Zweck Kontakt aufgenommen hat. War es eine Weiterempfehlung und woher kam sie? War es ein Erstkontakt? Welche Informationen lagen dem Erstkunden vor und welche waren ihm wichtig? War es ein Stammkunde und warum kommt er wieder? Auch hierbei hilft eine strukturierte CRM-Datenbank.

2. Beyond Budgeting

Bei der Budgetplanung wird zwischen starren und flexiblen Budgets unterschieden. Starre Budgets enthalten Größen, die während einer Planungsperiode unbedingt eingehalten werden müssen, während flexible Budgets mit Vorgaben arbeiten, die bei veränderten Rahmenbedingungen angepasst werden können.

Der neue Trend, der sich im Rahmen flexibler Budgets durchzusetzen scheint, heißt „Beyond Budgeting" und kann mit „jenseits der Budgetierung" übersetzt werden. Ausgangspunkt für Beyond Budgeting ist die Kritik am starren und bürokratischen budgetbasierten Steuerungsprozess.

Die Starrheit eines Marketingplans in Verbindung mit einem zu hohen Detaillierungsgrad auf finanzieller Ebene führt dazu, dass bei Veränderungen im Markt- und Wettbewerbsumfeld des Unternehmens nicht schnell genug oder überhaupt nicht reagiert werden kann, da man als Mitarbeiter in den Vorgaben des Jahresbudgets praktisch „gefangen" ist. Es wird lediglich angestrebt, die Budgetvorgaben zu erreichen. Folglich werden auch die strategischen Ziele des Unternehmens nicht erreicht.

Die Zielsetzung des Beyond-Budgeting-Modells liegt zum einen in einer stärkeren Orientierung des gesamten Unternehmens am Markt und an den Kunden und zum anderen in der Flexibilisierung der Steuerung selbst. Das Modell Beyond Budgeting schafft eine Unternehmenskultur, die Vertrauen, Offenheit und internen sowie externen Wettbewerb fördert. Die Möglichkeit, flexibler auf Marktveränderungen zu reagieren, ist nicht der einzige Vorteil des Beyond Budgeting. Auch die Mitarbeiterzufriedenheit und -motivation sollen gesteigert werden, da die Mitarbeiter weniger Zeit in Planung und Einhaltung formaler Budgets investieren müssen.

Allerdings ist insbesondere in kleinen Unternehmen die Gefahr, ohne Budgetplanung und damit nur „aus dem Bauch heraus“ zu arbeiten, größer als die, im Korsett zu steifer Planungsvorgaben unflexibel zu werden. In kleinen und mittelständischen Unternehmen konkurrieren nämlich meist sehr viele Ideen und Initiativen um stark begrenzte Kapazitäten und Budgets. Aus diesem Grund sind zielorientierte und detaillierte Budgetplanungen unerlässlich, auch wenn viele Inhaber das überhaupt nicht wahrhaben wollen.

3. Kapitel

3 Omnichannel-Marketing: So sind Sie on- und offline präsent

Drittes Gebot: On- und offline präsent sein

Erfolgsentscheidend für Ihr Unternehmen ist die Onlinepräsenz. Denken Sie dabei auch an die Erstellung einer aussagekräftigen Website.

I. Omnichannel: Nahtlose Übergänge zwischen on- und offline

Die Darstellung Ihres Unternehmens nach außen spielt eine große Rolle. Durch die zunehmende Bedeutung des Internets im Alltag wird es für Unternehmen wichtiger denn je, sich online zu präsentieren. Die Digitalisierung, sei es durch die Nutzung von Smartphones, Tablets oder des herkömmlichen Laptops/PCs, schreitet weiter voran. Viele Menschen nutzen ihr Smartphone, um soziale Netzwerke zu besuchen und sich online auszutauschen. Wenn ein Bedarf vorhanden ist und Interesse an einem Produkt besteht, wird oft zunächst im Internet recherchiert, welche Ausführungen des gewünschten Artikels bzw. der gewünschten Dienstleistung es gibt und für welchen Preis dieser/diese erhältlich ist. Erst nach diesem Informationsbeschaffungsprozess mithilfe von Social Media, Diskussionen in Bewertungsplattformen und bereits gemachten Erfahrungen von Käufern erfolgt die eigentliche Kaufentscheidung. Diese Verhaltensweise beschreibt die „Customer Journey" (weiterführende Informationen hierzu Kapitel 4, Abschnitt III Beyond CRM), die Kunden vom Kaufgedanken bis zum endgültigen Kauf durchlaufen (vgl. Heinemann, Der neue Online-Handel, S. 53).

Durch die digitale Vernetzung können Kunden überall, zu jeder Zeit und über verschiedene Kanäle Informationen beziehen. Durch die Präsenz in diesen Kanälen kann Ihr Unternehmen die Kundenbindung stärken, die Bekanntheit der eigenen Marke steigern und mehr Umsatz erzielen. Die Kanäle so auszurichten, dass alle Kunden jederzeit bedient werden können, steigert nicht nur den Onlineabsatz, sondern auch die Offlineaktivitäten der Kunden und somit den Gesamtumsatz (vgl. Deloitte, Die Chance Omnichannel, S. 4 ff.).

Omnichannel-Shopping beschreibt genau diesen Verkaufsprozess über die verschiedenen Absatzkanäle hinweg. Der Omnichannel-Handel stellt eine Weiterentwicklung des Multichannel-Handels dar und breitet sich aufgrund der hohen Flexibilität und Verfügbarkeit von Produkten immer weiter aus. Eine aus diesem Trend resultierende Strategie, die im Kaufentscheidungsprozess des Kunden (Customer Journey) an Bedeutung gewinnt, ist die Nutzung unternehmenseigener Websites und auch von unternehmensübergreifenden Plattformen. Nach dem Kauf eines Produkts hat der Käufer die Wahl zwischen verschiedenen Versandoptionen und kann die Ware über eine Tracking-Funktion bis zum Zeitpunkt der Lieferung verfolgen. Mittlerweile kann auch der Lieferzeitpunkt vom Kunden selbst bestimmt werden.

Der Unterschied zwischen Omnichannel- und Multichannel-Handel besteht darin, dass beim Omnichannel-Handel die vielen unterschiedlichen Kanäle, die nebeneinander existieren, vernetzt sind. Der Multichannel-Handel verfügt also ebenso über mehrere Kanäle – für den Konsumenten besteht jedoch nicht die Möglichkeit, Informations- und Einkaufsprozess kanalübergreifend zu verbinden.

Wenn Ihr Unternehmen auf das veränderte Kundenverhalten adäquat reagiert, kann es sich vom Wettbewerb abheben und den Umsatz steigern. Der Omnichannel-Handel bietet aber nicht nur die Möglichkeit, die Präsenz Ihres Unternehmens bzw. Ihrer Marke in Deutschland auszubauen, sondern kann auch grenzüberschreitend und international wirken. Er hat das Ziel, ein nahtloses Kauferlebnis zu schaffen, indem er alle Kanäle miteinander verbindet und dem Konsumenten Zeit gibt, sich mit der Marke zu befassen.

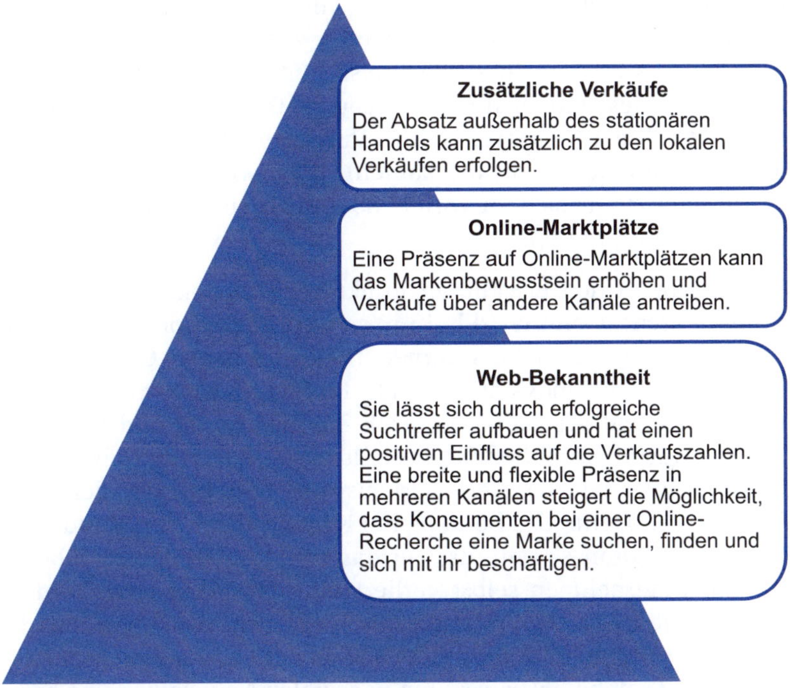

Abb. 14: Der Einfluss der Omnichannel-Präsenz in unterschiedlichen Kanälen (in Anlehnung an die Deloitte Studie 2014, Die Chance Omnichannel, S. 18)

Da Konsumenten häufig auch auf Online-Marktplätzen wie eBay und amazon nach Produkten suchen, ist eine Prüfung, ob und ggf. auf welchen Plattformen sich eine Präsenz lohnt, hilfreich.

II. Eine Website erstellen

Um in Zeiten zunehmender Digitalisierung erfolgreich zu sein, sollte jedes Unternehmen prüfen, inwiefern und welche Form eines Onlineauftritts erforderlich ist. Eine Website stellt den Mittelpunkt der gesamten Onlinekommunikation dar und macht das Unternehmen dadurch, dass sie weltweit aufgerufen werden kann, international erreichbar. Sie dient der Übermittlung von Informationen an Kunden und weitere Stakeholder und kann ggf. auch direkt als Plattform für Onlinebestellungen genutzt werden. Die Website präsentiert das Unternehmen und ist sozusagen dessen Onlinevisitenkarte. Um das Interesse der Kunden zu wecken, muss das Unternehmen mit seinem

Internetauftritt überzeugen. Kunden, die sich für ein bestimmtes Produkt interessieren, sammeln häufig zuerst online Informationen über das Angebot und die Preise und kaufen dann in einem stationären Geschäft in ihrer Umgebung. Dieses Phänomen nennt sich ROPO-Effekt (Research online, Purchase offline – auf Deutsch: online recherchieren, offline kaufen). Diese Vorgehensweise wird häufig genutzt, um sich im Vorfeld über die Dienstleistung oder den Artikel zu informieren.

Jedoch gibt es den erwähnten Effekt auch umgekehrt (Research offline, Purchase online), d.h. Kunden informieren sich in Geschäften und kaufen dann im Internet. Dies ist z.B. bei Gebrauchsgegenständen wie Handys oft der Fall. Im Shop um die Ecke wird es begutachtet und geschaut, wie groß das Display ist und wie es in der Hand liegt. Anschließend bestellt der Kunde aber online, weil dort eventuell eine größere Farbauswahl besteht oder der Preis günstiger ist. Gelingt es beim ersten Kontakt nicht, den Kunden zu überzeugen, kann es sein, dass er das Interesse an den Angeboten und am Unternehmen selbst verliert und daraufhin weder online noch offline kauft. Zur Internetpräsenz zählen aber nicht nur die firmenspezifische Website, sondern auch der Unternehmensauftritt und die Unternehmensbewertung in sozialen Netzwerken wie Facebook, Twitter, YouTube oder Instagram.

Bei der Erstellung der Website gibt es einiges zu beachten. Im Folgenden werden nur einige Aspekte genannt:

1. Websites sollen minimalistisch in der Gestaltung sein, der Schwerpunkt sollte auf der Benutzerfreundlichkeit (Usability) und kurzen Ladezeiten liegen.

2. Responsive Websites: „Responsive Webdesign" bedeutet im übertragenen Sinne „reagierendes Webdesign". Inhalts- und Navigationselemente sowie der strukturelle Aufbau einer Website passen sich der Bildschirmauflösung des mobilen Endgeräts an.

3. Scrollen statt Klicken: Website-Benutzer müssen nicht mehr „weiter/zurück" klicken.

Als Erstes soll der Inhalt der Website strukturiert und sinnvoll angeordnet sein. Der Besucher möchte schnell finden, wonach er sucht, sonst besteht die Gefahr, dass er die Geduld und das Interesse verliert. Außerdem sollte sich für eine gute Corporate Identity (CI) das Firmenlogo auf allen Seiten befinden und der Schriftzug in den dazu passenden Farben zu sehen sein. Diese Farben ziehen sich am besten durch Ihre gesamte Website. Abgestimmte Bilder dienen der Orientierung und Navigation und vermitteln bestimmte Inhalte und Stimmungen.

Dennoch sollte Ihre Website insgesamt eher minimalistisch gestaltet sein, denn weniger ist oft mehr. Dieses Konzept wird „Flat Design“ genannt. Es wird verstärkt Wert auf den Inhalt und weniger auf die grafische Gestaltung gelegt. Falls sich also Bilder oder Grafiken auf Ihrer Website befinden, die nicht dringend notwendig sind, lassen Sie sie einfach weg. Ebenso wird die Usability (Nutzbarkeit, Bedienbarkeit) bei Kunden immer höher gewichtet. Achten Sie in diesem Zusammenhang darauf, dass die Website durch wenige Klicks, am besten nur durch Scrollen, erforscht werden kann. So gestaltet sich die Informationssuche für den Interessenten weniger aufwendig. Anwenderfreundlichkeit wird großgeschrieben. Deshalb ist es wichtig, kurze Ladezeiten, eine gute Zugänglichkeit der Website und einfache Bedienbarkeit und Handhabung zu bieten. Für kurze Ladezeiten ist ebenso das Flat Design zu empfehlen, da die Seite durch das Entfernen von unnötigen Elementen schneller laden kann.

Betreibt Ihr Unternehmen z.B. einen Onlineshop, gibt es die sogenannte „Add-to-basket“-Funktion (auf Deutsch: „zum Warenkorb hinzufügen“), die natürlich auf so einer Website keinesfalls fehlen darf. Der Warenkorb sollte auf Ihrer kompletten Website hervorgehoben sein, damit der Käufer direkt sehen kann, was sich darin befindet und wie viel es kostet. Der Button „zum Warenkorb hinzufügen“ sollte an einer sinnvollen und gut sichtbaren Stelle platziert sein. Nachdem ein Produkt in den Warenkorb gelegt wurde, sollte eine Bestätigung angezeigt werden, dass der Artikel hinzugefügt wurde. Für den Kunden soll im Anschluss daran direkt die Möglichkeit bestehen, „zur Kasse“ zu gehen oder aber auch den Einkauf fortzusetzen. Dabei ist zu beachten, dass er an der gleichen Stelle weitershoppen kann, an der er aufgehört hat. In vielen Fällen ist für Zusatzverkäufe die Reduzierung/der Wegfall der Versandkosten ausschlaggebend. Werden mehrere Produkte in den Warenkorb gelegt, soll immer der Gesamtpreis für den Kunden übersichtlich angezeigt werden. Als nützliches Tool für Ihre Kunden bietet es sich an, die Käufe anderer Kunden anonym anzuzeigen. Beispielsweise in Form von „Kunden, die dieses Produkt gekauft haben, kauften auch …“ (vgl. Amazon).

Des Weiteren ist die Kompatibilität des Designs und des Aufbaus mit allen möglichen mobilen Endgeräten wichtig. Viele Kunden möchten heutzutage zur Informationsbeschaffung und auch zum

Kauf ihren Laptop, das Tablet oder das Smartphone nutzen. Deshalb gab es bisher mobile Versionen, auf die man weitergeleitet wurde, wenn z.B. das Smartphone zum Surfen benutzt wurde. Das Konzept der responsive Website ermöglicht es Ihren Kunden, die Website auf allen internetfähigen Geräten aufzurufen. Der Vorteil gegenüber den vorherigen, extra angefertigten mobilen Versionen liegt darin, dass es nur eine Version der Website gibt, die z.B. bei Kampagnen weiterverbreitet wird. Beim responsive Webdesign werden Inhalte und Elemente an die Bildschirmgröße des Endgeräts angepasst. Auf diese Weise wird z.B. die Navigation einer Website auf jedem Zielgerät unterschiedlich festgelegt und angepasst.

Mit dem kostenlosen Marketinginstrument Google AdWords kann die Besucherzahl auf Ihrer Website positiv beeinflusst werden. Dies geschieht durch die Verlinkung bei Suchanfragen. Startet der Benutzer eine Suchanfrage mit einem bestimmten Keyword, so wird ihm eine Anzeige dargestellt. Klickt der Besucher auf die Anzeige, wird er weiter auf eine Landingpage geleitet, die der Leadgenerierung dient. Leads sind im Allgemeinen die Interessenten an Ihrem Unternehmen oder Ihren Produkten, die aus eigenem Antrieb ihre Adress- bzw. Kontaktdaten hinterlassen. Sie erfahren so z.B. weitere Details zum gewünschten Produkt oder werden regelmäßig über Neuigkeiten informiert.

Interessierte Kunden können durch unterschiedliche Kanäle auf Sie aufmerksam werden. Dies können Onlinekanäle wie Social Media, Ihre eigene Website oder Suchmaschinen sein. Im Gegensatz dazu gibt es aber auch die klassischen Offlinekanäle wie z.B. Anzeigen,

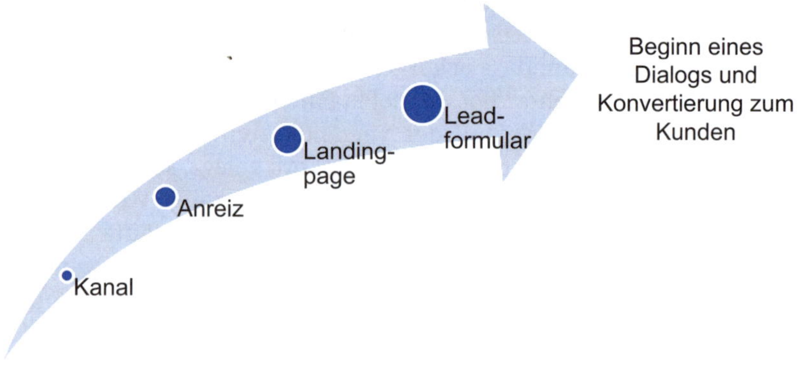

Abb. 15: Ablauf der Leadgenerierung (vgl. Helbig, ABC der Lead-Generierung, S. 1)

Flyer oder Radio. Um interessierte Kunden zu überzeugen, muss die eigene Seite professionell gestaltet und hochwertig sein. Damit potenzielle Käufer also auf Ihrer Internetseite, der sogenannten Landingpage, „landen“, muss diese professionell gestaltet sein. Auf der Landingpage sollten Besucher die Inhalte finden, derentwegen sie gekommen sind. Durch die Eingabe der persönlichen Daten in ein Formular, das auf der genannten Seite hinterlegt ist, wird ein Interessent zum Lead.

In die Bounce Rate (Absprungrate) einer Website fallen die Besucher, die Ihre Website direkt auf der Einstiegsseite ohne Interaktion wieder verlassen und demnach das zunächst bestehende Interesse verloren haben. Um den Prozentsatz der Abspringenden zu ermitteln, sind Web-Analytics-Programme (auch: Web Controlling Tools) notwendig. Diese erleichtern die Analyse Ihrer Website und können aufzeigen, wo Ihre Kunden herkommen, welche Seiten am häufigsten besucht wurden, welche Suchbegriffe verwendet wurden usw.

Eine weitere wichtige Kennzahl in diesem Zusammenhang ist die Conversion Rate. Sie dient ebenso wie die Bounce Rate der Analyse von Onlinemarketing-Aktivitäten und sagt aus, wie viel Prozent der Menschen, die im Internet Informationen über ein Produkt suchten, dieses tatsächlich auch online bestellt haben. Bei Büchern liegt diese Conversion Rate am höchsten, danach folgen Damenbekleidung und Spielwaren.

Nicht nur für die Internetkäufe, sondern auch für den stationären Handel sind die Onlinerecherchen enorm wichtig, da auf die Informationssuche im Internet häufig der Kauf im stationären Geschäft folgt. Durch diese Tatsache hat jeder Unternehmer die Möglichkeit, im Internet auf das Einkaufserlebnis im eigenen Betrieb aufmerksam zu machen (vgl. Kreutzer, Praxisorientiertes Onlinemarketing, S. 47).

Die folgende Darstellung soll Ihnen den Weg zu einer vollständigen und erfolgreichen eigenen Website erleichtern:

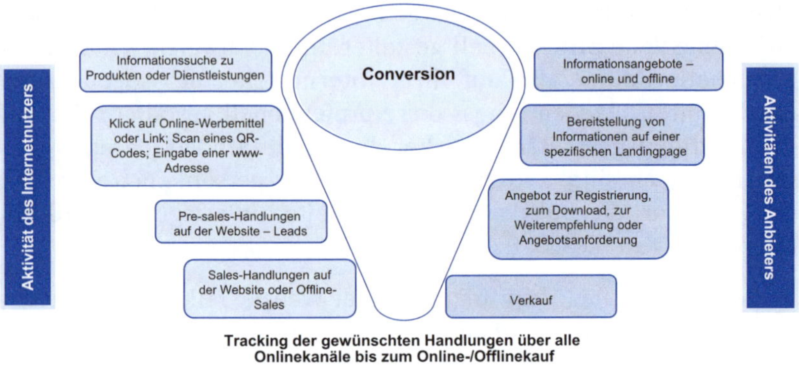

Abb. 16: Conversion Funnel (vgl. Kreutzer, Praxisorientiertes Online-Marketing, S. 143)

Durch das Web-Monitoring ist es möglich, im Internet gezielt nach Einträgen zu suchen, die das Unternehmen betreffen. Es kann online systematisch nach unternehmensrelevanten Themen gesucht werden. Hierbei kann es sich um Einträge in Foren oder Blogs oder um Posts auf Social-Media-Plattformen wie beispielsweise Facebook oder Twitter handeln. Jeder kann hier seine Meinung öffentlich kundtun und Feedback zu erworbenen Produkten und Dienstleistungen geben. Außerdem werden Angebote, Service usw. bewertet und Verbesserungsvorschläge unterbreitet. Für Sie als Unternehmer besteht die Möglichkeit, auf Einträge zu antworten oder in Dialoge mit einzusteigen, um präsent zu sein.

Das Monitoring kann sich auch direkt auf die sozialen Netzwerke beziehen, wobei dann von Social-Media-Monitoring gesprochen wird und die Überprüfung von Posts auf diversen Seiten im Vordergrund steht. Diese Posts sollten auf keinen Fall vernachlässigt werden, da diese Portale häufig Auslöser von „Shitstorms" sind. Darunter sind kritische Äußerungen gegenüber einem Unternehmen oder bestimmten Personen bzw. Angeboten zu verstehen, die in sozialen Netzwerken gepostet und enorm schnell weiterverbreitet werden. Da es auf diesen Plattformen möglich ist, weitgehend anonym zu bleiben, bieten sie Kritikern einen guten Platz, um negative Äußerungen schnell publik zu machen. Durch Likes, Shares und die Möglichkeit, den Eintrag zu kommentieren, erscheint er auf immer mehr Seiten von Freunden und Bekannten. Sachliche Anregungen können durch unsinnige Kommentare zu einer Kommunikation führen, die nicht mehr zielführend ist. Im Gegensatz zu unsachlichen negativen Meinungsäußerungen gibt es aber auch positive Meldungen, die sich rasend schnell in den sozialen Netzwerken verbreiten. Diese positiven Bemerkungen werden als „Roseshower“ bezeichnet.

Es gibt hierfür eine Vielzahl von Monitoring-Programmen, die sowohl kostenlos als auch – für tiefer gehende Analysen – kostenpflichtig sind. Eine erste und kostenlos verfügbare Möglichkeit stellt die Nutzung von Google Alerts dar. Zunächst müssen die Suchbegriffe im Programm definiert werden, um Beiträge dazu zu finden. Es ist enorm wichtig, auf solche Funde zeitnah zu reagieren, um weitere negative Verbreitung zu vermeiden. Natürlich können die Programme auch dazu genutzt werden, um die Branchentrends zu beobachten und die Wettbewerber im Blick zu behalten (vgl. Kreutzer, Praxisorientiertes Online-Marketing, S. 69 f.).

Checkliste: Inhalte einer Website	**Ja**	**Nein**
☐ *Sind Sie fit im Gestalten der eigenen Website?*		
☐ *Soll ein professioneller Webdesigner beauftragt werden?*		
☐ *Befindet sich das Firmenlogo auf der Website?*		
☐ *Sind Schriftzug und Farben identisch mit Ihrem Firmenlogo (Corporate Identity)?*		
☐ *Ist der Aufbau der Seite sinnvoll und für Besucher übersichtlich?*		
☐ *Sind wichtige Informationen für den Besucher direkt zu finden, ohne lange zu suchen?*		
☐ *Überzeugt Ihre Website durch schnelle Ladezeiten?*		
☐ *Kommt ein potenzieller Kunde mit nur wenigen Klicks (im besten Fall nur durch Scrollen) an sein Ziel?*		
☐ *Bieten Sie einen Blog an, in dem Sie interessante Neuigkeiten posten und Kunden Feedback geben können?*		
☐ *Besteht für potenzielle Kunden die Möglichkeit, ihre Kontaktdaten in ein Formular einzutragen, um weitere Informationen zu bekommen?*		
☐ *Ist Ihre Leadgenerierung erfolgreich?*		

Checkliste: Inhalte einer Website	**Ja**	**Nein**
☐ *Passt sich die Website dem mobilen Endgerät an? (responsive Webdesign)*		
☐ *Sind der Aufbau und das Design kompatibel mit Laptop, Tablet, Smartphone & Co.?*		
☐ *Falls Sie online Produkte anbieten, verfügt Ihre Seite über eine „Add-to-basket"-Funktion und ist der Button dafür sichtbar und an einer für den Kunden sinnvollen Stelle?*		
☐ *Haben Sie ein Web-Analytics-Programm, um die Bounce Rate und die Conversion Rate zu bestimmen?*		
☐ *Ist Ihr Web-Monitoring aktiv, um beispielsweise negative Posts zu finden oder in Diskussionen von Kunden einzusteigen?*		

4. Kapitel

So erschließen Sie Ihren Zielmarkt

4

Nicht jeder Kunde kann mit den gleichen Produkten und Dienstleistungen angesprochen werden: An dieser Erkenntnis kommt kein Unternehmen mehr vorbei. Deshalb müssen die Marketingpläne immer differenzierter – auf das jeweilige Kundensegment ausgerichtet – ausfallen. Die Markt- und Kundensegmentierung ist deshalb ein wesentlicher Ansatzpunkt in einem modernen Marketingplan.

Viertes Gebot: Der Kunde ist König

Der Kunde ist König. Analysieren Sie die Bedürfnisse und Erwartungen Ihrer Kunden und stellen Sie diese in den Vordergrund.

Kunden legen immer mehr Wert darauf, dass die von ihnen gekauften Produkte individuell und einzigartig gestaltet sind. Einzelanfertigungen sind heutzutage an der Tagesordnung. Wer seine Angebote nicht an den Kundenwünschen ausrichtet, hat gegen den Wettbewerb keine Chance. Aus diesem Grund bieten einige Unternehmen die sogenannte „Mass Customization" (kundenindividuelle Massenproduktion) an. Diese beruht auf den Vorteilen der Massenproduktion, während gleichzeitig auf den Wunsch des Kunden nach Individualisierung eingegangen werden kann. Sie vereint die Vorzüge der Einzelanfertigung für Kunden und der kostengünstigen Produktion der Massenfertigung.

Wichtig ist hierbei zu wissen, was der Kunde wirklich will. Er sollte zwar seine eigenen Produkte „entwerfen" dürfen, jedoch sollte er einen nicht zu großen Einfluss auf den Produktionsablauf haben. Deshalb gilt es, gesondert in jedem Unternehmen zu entscheiden, wie weit der Prozess der Individualisierung gehen darf. Da Konsumenten häufig nicht genau wissen, wie die Erfüllung ihrer Bedürfnisse am besten erreicht werden kann, würden z.B. zu viele Auswahlmöglichkeiten sie nur verwirren und verunsichern. Es muss also das richtige Maß an Mitgestaltung gefunden werden, ohne dass der Kunde sich während des Gestaltungsprozesses ratlos fühlt und aufgibt.

Durch die größere Eigenleistung der Kunden entsteht auch ein größerer Bedarf an Beratung. Essenziell ist deshalb eine gute stimmige Zusammenarbeit zwischen Hersteller und Konsument, da sich diese enorm auf die Kundenzufriedenheit auswirkt. Der Gestaltungsprozess könnte z.B. so aussehen, dass dem Kunden ein Basisprodukt angeboten wird, das er nun anhand von unterschiedlichen vorgegebenen Optionen selbst gestalten und individualisieren kann. Diese Variationen wären denkbar hinsichtlich Farbe, Funktionalität, Inhaltsstoffen, Verpackung usw. Kunden legen Wert auf den Nutzen, den sie durch das Produkt haben, und nicht auf das Produkt selbst. Der Einkauf kann durch diesen Prozess zum Erlebniskauf für den Kunden werden, von dem er gerne seinen Freunden und Verwandten berichtet.

Für Nischenprodukte bietet das Prinzip der Mitgestaltung einen hohen Stellenwert. Konsumenten, die z.B. auf bestimmte Inhaltsstoffe allergisch sind, können das Produkt einfach ohne diesen bestimmten Bestandteil bestellen. Unternehmen, die dieses Prinzip schon erfolgreich nutzen, sind z.B. mymuesli oder PosterXXL. Natürlich lässt sich das Konzept der Mass Customization nicht in allen Branchen verwirklichen.

I. Den Markt segmentieren

Die Segmentierung dient der Zerlegung einer heterogenen (unterschiedlichen) Kundschaft in Kundengruppen mit relativ homogenem (einheitlichem) Kaufverhalten. Homogene Kundengruppen können Ähnlichkeiten im Einkaufsverhalten, in der Sortiments- und Markenpräferenz, in der Freizeitgestaltung usw. aufweisen. Dabei gilt zu beachten, dass Kosten und Nutzen der Kundensegmentierung in einem vernünftigen Verhältnis stehen sollten. Dies bedeutet, dass aus Kostengründen die betrachteten Kundensegmente einerseits nicht zu klein sein sollten. Andererseits sollte die Segmentierung auch nicht zu grob ausfallen, da sonst wieder ein höheres Maß an Heterogenität innerhalb der Kundengruppen in Kauf genommen werden müsste. Auch sollte die Segmentstruktur über einen möglichst langen Zeitraum stabil sein. Es gilt, die Marketingmix-Faktoren (Produktpolitik,

Preispolitik, Vertriebspolitik, Kommunikationspolitik) bzw. SAVE (Solution, Access, Value, Education) möglichst gut an die unterschiedlichen Wünsche und Bedürfnisse der verschiedenen Kundengruppen anpassen zu können.

Die Aufteilung einer heterogenen Käuferschaft kann über verschiedene Segmentierungskriterien vorgenommen werden, beispielsweise

- demografische Kriterien: z.B. Alter, Geschlecht, Familienstand, Haushaltsgröße usw.;
- sozio-ökonomische Kriterien: z.B. Einkommen, Beruf, Ausbildung, sozialer Status usw.;
- psychografische Kriterien: z.B. Gewohnheiten, Lebensstil, Einstellungen, Freizeitaktivitäten, usw.;
- Besitz- und Verbrauchsmerkmale: z.B. Markenwahlverhalten, Einkaufsstättenwahl, Preisbewusstsein, Mediennutzungsverhalten usw.

Im Folgenden sind mögliche Segmentierungskriterien und die daraus resultierenden Marketingmaßnahmen am Beispiel eines Fitnessstudios dargestellt.

Beispiel: Segmentierungskriterien

Eigenschaften der Kundengruppe von Fitnessstudio Fit&Fair	Marketingmaßnahmen Fit&Fair
Altersgruppe zwischen 18 und 50 Jahren; weiblich und männlich; Wohnort oder Schule/Uni/Arbeitsplatz in der direkten Umgebung	Passende Geräte für jede Zielgruppe; getrennter Frauenbereich mit Cardio- und Kraftgeräten; Freihantelbereich für Männer und Frauen, außerdem Kurse, Wellness und individuelle Betreuung
Mitglieder – Schüler/Studenten, Arbeiter, Rentner – möchten immer einen aktuellen Trainings- und Ernährungsplan	Professionell ausgebildetes Personal; gehobene Preise

Eigenschaften der Kundengruppe von Fitnessstudio Fit&Fair	**Marketingmaßnahmen Fit&Fair**
Ältere Menschen benötigen mehr Aufmerksamkeit; wollen angemessen in die Anwendung der Geräte eingeführt werden	Zusätzliche Serviceangebote: Sauna und Massage nach dem Training; geduldige aufmerksame Mitarbeiter
Mitglieder, die mindestens einmal pro Woche kommen; wollen morgens vor der Arbeit oder spät am Abend, unter der Woche oder am Wochenende Sport treiben	Mitgliedskarte mit Foto zur Identifizierung; Öffnungszeiten von sehr früh bis teilweise spät in die Nacht

Voraussetzung für die Marktsegmentierung ist eine fundierte Datenerhebung (Kapitel 1, Abschnitt II). Diese kann

- in Form einer Sekundärforschung (Auswertung bestehender Marktinformationen, wie sie z.B. in Fachzeitschriften veröffentlicht werden) oder

- mithilfe eigener empirischer Erhebungen (z.B. in Form von Befragungen oder Beobachtungen von Kunden und/oder Passanten)

durchgeführt werden.

Von „Sekundärforschung“ spricht man, wenn Datenmaterial, das bereits auf dem Markt oder im Betrieb verfügbar ist, für andere Zwecke ausgewertet wird. So könnten Sie beispielsweise Ihre Kundenkartei auf Anhaltspunkte hinsichtlich unterschiedlichen Zielgruppen untersuchen. Der Vorteil dieser Vorgehensweise liegt darin, dass man keinen zusätzlichen Aufwand zur Erhebung neuer Daten betreiben muss, da diese bereits im Unternehmen oder auf dem Markt vorhanden sind. Der Nachteil der Sekundärforschung liegt darin, dass die Daten im Regelfall ursprünglich für andere Zwecke erhoben wurden und daher nicht hundertprozentig auf den Untersuchungsgegenstand der „Kundensegmentierung“ in Ihrem Betrieb passen werden.

Es bietet sich daher als Ergänzung zur Sekundärforschung an, dass Sie über selbst durchgeführte Befragungen oder Beobachtungen eigene Daten („Primärdaten“) generieren. Beispielsweise können Sie Ihre Kundschaft schriftlich oder mündlich etwa zu ihren Bedürfnissen, Wünschen und Kaufmotiven befragen. Beobachtungen führen

Sie durch, wenn Sie Aufschluss über das Verhalten von Kunden im Dienstleistungskontakt gewinnen möchten (z.B. Kundenlaufstudien).

Anhand der Ergebnisse der Datenerhebung nehmen Sie dann z.B. auf Grundlage der oben dargestellten Kriterien die Kundensegmentierung vor, wobei diese gemäß den Zielvorgaben Ihres Unternehmens auszuwählen bzw. zu gewichten sind. Wie bereits erwähnt, besteht das Ziel der Aktivitäten darin, die anfänglich heterogene Gesamtkundschaft in weitgehend überschneidungsfreie Segmente mit jeweils typischen Charakteristika aufzuteilen. Wie dies in der Praxis aussehen kann, zeigen beispielsweise die vom Marketing- und Sozialforschungsinstitut Sinus Sociovision herausgegebenen Sinus-Milieus:

Die Sinus-Milieus® in Deutschland 2016

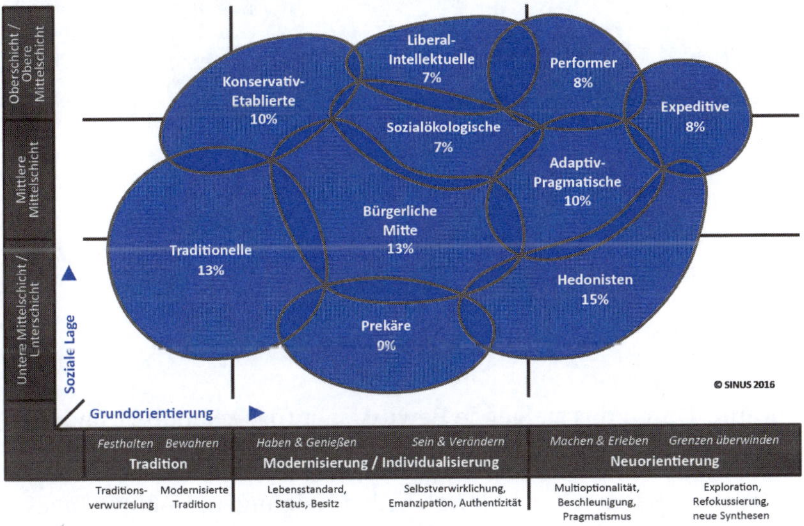

Abb. 17: Die Sinus-Milieus

Die soziale Lage, dargestellt auf der y-Achse, ist ein Ergebnis der Segmentierung nach sozio-demografischen Kriterien wie Alter, Bildung, Beruf und Einkommen. Die Grundorientierung auf der x-Achse resultiert aus der Segmentierung nach psychografischen Kriterien. Sie bildet sich in einem Spannungsbogen von traditionellen Werten (z.B. Pflichterfüllung) über moderne Werte (z.B. Individualisierung, Selbstverwirklichung und Genuss) bis hin zu postmodernen Werten (z.B. Multioptionalität und Experimentierfreude) heraus.

Für die Planung einzelner Marketingaktionen ist es also hilfreich, vorab homogene Marktsegmente (Kundengruppen), die Sie gezielt ansprechen wollen, zu bestimmen. Es geht darum, den Markt effektiv zu bearbeiten, d.h. das Leistungsangebot des Unternehmens möglichst gut an die unterschiedlichen Ansprüche, Wünsche und Erwartungen der einzelnen Kundengruppen anzupassen. Achten Sie darauf, dass die Kriterien, nach denen die Kundengruppen (Segmente) gebildet werden, die sog. SMART-Regel erfüllen:

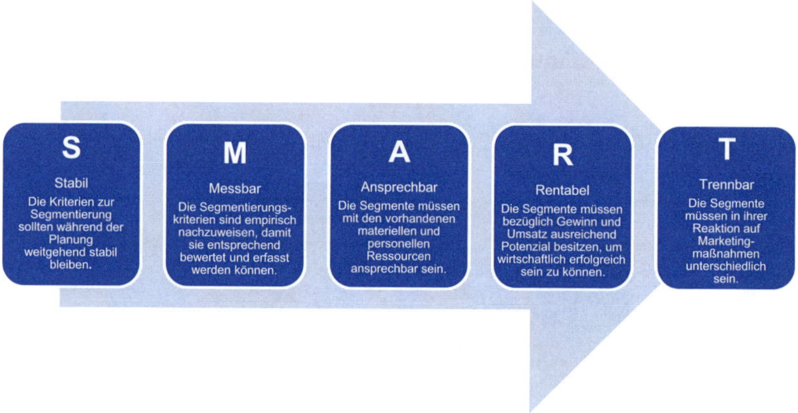

Abb. 18: Die SMART-Regel

Beispiel: SMART im Fitnessstudio

Stabil: Durch das steigende Bewusstsein für Gesundheit und Fitness sind die Mitglieder des Studios eine sichere Kundengruppe.

Messbar: Bei der Anmeldung werden Neigungen, Hobbys, Tagesablauf und auch die berufliche Tätigkeit festgehalten. So kann jedes Mitglied bestmöglich beraten werden.

Ansprechbar: Mit einfachen Marketingmitteln wie frühen Öffnungszeiten, geschultem Personal, Verwöhnprogrammen usw. hat sich Fit&Fair auf seine Zielgruppe spezialisiert.

Rentabel: Diese Kundengruppe legt viel Wert auf einen gesunden Lebensstil und körperliche Fitness und kann somit durch Qualität überzeugt werden.

Trennbar: Die Mitglieder sind eine gute Betreuung und ein erholsames Wellnessangebot nach dem Sport gewöhnt. Discount-Fitnessstudios würde diese Zielgruppe mit schlechter Qualität verbinden.

Erweitern Sie Ihre Kundenkartei, indem Sie Ihre Kunden zusätzlich nach ihren Hobbys, Gewohnheiten, Bedürfnissen, Beruf befragen. Differenzieren Sie Ihre Kunden nach der SMART-Regel. Erarbeiten Sie einen Soll-Ist-Vergleich und finden Sie heraus, ob Ihr Angebot den Bedürfnissen Ihrer Kunden entspricht. Verwenden Sie dafür einen speziell für Ihren Betrieb erstellten Fragebogen und schulen Sie Ihre Mitarbeiter auf diese Fragen.

II. Die ABC-Kundenanalyse

Die ABC-Analyse wird eingesetzt, um Wesentliches von Unwesentlichem unterscheidbar zu machen. Mit ihrer Hilfe können Schwerpunkte im Unternehmen bestimmt werden. So können Sie erkennen, welche Aufgaben, Vorgänge, Materialien, Lieferanten, Produktgruppen, Verkaufsgebiete und Kundengruppen von besonderer Bedeutung für den Erfolg Ihres Unternehmens sind.

Bei einer ABC-Analyse sind Mengen- und Wertgrößen miteinander zu vergleichen. Es zeigt sich, dass häufig kleine Mengenanteile einen hohen Wertbeitrag liefern. Dies ist für Investitionsentscheidungen wichtig. So kann beispielsweise ein Produkt, das selten verkauft wird, einen wesentlich höheren Gewinn für das Unternehmen einbringen als ein gängiges Produkt. Oder auf die Kunden bezogen: Es kommt nicht selten vor, dass mit nur 20 Prozent der Kunden ein Umsatzanteil von 80 Prozent erzielt wird.

Welchen Schluss können Sie als ein kosten- und ertragsbewusst handelnder Unternehmer nun aus diesem Zusammenhang ziehen? Anstatt für alle Kunden ein identisches Betreuungsprogramm vorzusehen, sollten Sie den 20 Prozent lukrativen Kunden, den sogenannten A-Kunden, ein besonderes Betreuungsprogramm bieten und den weiteren Kunden, den B- und C-Kunden, Dienstleistungen, Werbemaßnahmen usw. anbieten, die entsprechend dem jeweiligen Umsatzbeitrag gestaffelt sind.

Während also die A-Kunden einen bevorzugten Service genießen, um deren Erwartungen zu übertreffen, etwa die HON-Circle-Mitglieder bei der Lufthansa, erhalten insbesondere C-Kunden nur ein Standardprogramm. Bei der Ausgestaltung des Standardprogramms ist darauf zu achten, dass auch die Kunden der Kategorie C eine solche Leistung erhalten, die ihren Erwartungen entspricht. Ein Kunde ist erfahrungsgemäß dann zufrieden, wenn er ungefähr das erhält, was er von einem Anbieter erwartet. Sollte die Leistung geringer als erwartet ausfallen, wird der Kunde unzufrieden sein und zum einen zur Konkurrenz abwandern und zum anderen durch seine negative Mundpropaganda dem Ruf des Unternehmens schaden.

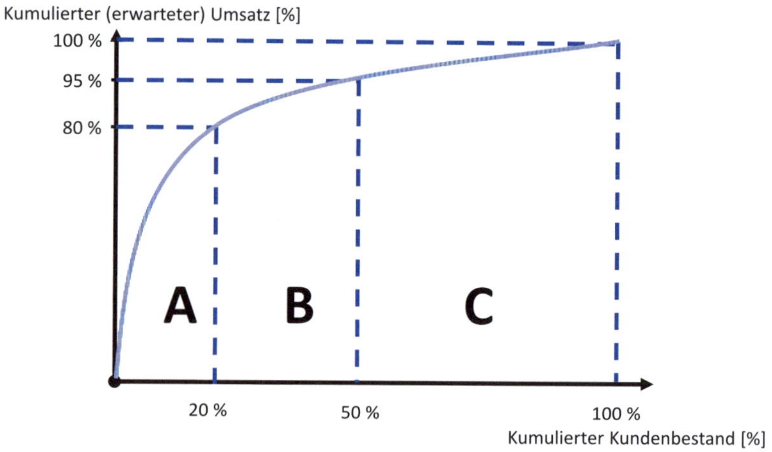

Abb. 19: ABC-Analyse der Kundenstruktur

Bevor Sie damit beginnen, Ihr Leistungsprogramm zu differenzieren, ist es erforderlich, den Kundenstamm in Kategorien, z.B. in A-, B- und C-Kunden, einzuteilen. Bei einer sehr hohen Kundenanzahl können Sie diese Analyse einschränken und auf die Kunden mit großer wirtschaftlicher Bedeutung für das Unternehmen konzentrieren. Datenquelle für die ABC-Analyse sind entweder Verkaufsstatistiken oder die Finanzbuchhaltung.

Beispiel: In Tages- oder Übernachtungsgäste investieren?

Das „Steinerne Hüttl“ ist eine Alm mit Bewirtschaftung und Übernachtungsmöglichkeiten für Wanderer. Die Almbesitzer wollen herausfinden, ob es sich lohnen würde, die Schlafmöglichkeiten zu erweitern, oder es besser ist, in die Tagesgäste zu investieren. Sie haben dafür die Bons der Gäste in folgende Kundenkategorien sortiert abgespeichert: Gäste von 18.00 Uhr bis 9.00 Uhr (Übernachtungsgäste), Gäste von 12.00 bis 14.00 Uhr (Mittagsgäste), Gäste von 14.00 bis 16.00 Uhr (Nachmittagsgäste), Gäste von 16.00 bis 18.00 Uhr (Spätnachmittagsgäste) und Gäste von 9.00 bis 12.00 Uhr (Vormittagsgäste).

So gehen Sie bei der ABC-Analyse vor:

1. Tragen Sie in die erste Spalte der Aufstellung die Umsätze nach abnehmender Höhe ein.
2. In der darauffolgenden Spalte berechnen Sie für jede Kundengruppe den jeweiligen Umsatz prozentual zum Gesamtumsatz (Umsatz in € × 100 %).
3. In die dritte Spalte tragen Sie den kumulierten Kundenumsatz ein, also die Gesamtsumme der bis einschließlich zu der jeweiligen Kundengruppe (von oben) generierten Umsätze in Prozent.
4. Nun können Sie die Einteilung in die Kundengruppen A, B und C vornehmen.

Beispiel: ABC-Analyse im „Steinernen Hüttl"

Kunden	Umsatz in 1.000 €	Umsatz (% vom Gesamtumsatz)	Umsatz (% kumuliert)	Kundenbestand (%)	Kundenbestand (% kumuliert)
Gäste von 18.00–9.00 Uhr	3.500	74,6	75	18	18
Gäste von 12.00–14.00 Uhr	800	17,1	92	40	58
Gäste von 14.00–16.00 Uhr	250	5,3	97	24	82
Gäste von 16.00–18.00 Uhr	120	2,6	100	8	90

Gäste von 9.00–12.00 Uhr	20	0,4		10	100
Summe	**4.690**	**100**		**100**	

ABC-Analyse am Beispiel Kundenstruktur

Kategorie	Anteil am Umsatz	Kunden
A	74,6 %	Gäste von 18.00 bis 9.00 Uhr
B	17,1 %	Gäste von 12.00 bis 14.00 Uhr
C	8,3 %	Restliche Gäste

Klassifizierung der Kunden in A, B und C

Ergebnis der ABC-Analyse ist, dass ca. 75 Prozent des Umsatzes mit Übernachtungsgästen (rund 20 Prozent der Kunden) erwirtschaftet werden (A-Kunden). Die Alm hat zwar anzahlmäßig viel mehr Tagesgäste, aber die Übernachtungsgäste verzehren bei annähernd gleichem Arbeitsaufwand wesentlich mehr. Daher sollte eine Investition in die Erweiterung der Schlafplätze für die Alm geprüft werden.

Fazit: Die ABC-Analyse ist ein anschauliches Tool, das in jedem Marketingplan auftauchen sollte.

III. Kundenbeziehungen pflegen: Beyond CRM

Der Begriff „Customer Relationship Management“ (CRM) lässt sich am besten anhand seiner drei Schlüsselbegriffe charakterisieren:

- Customer: Die individuelle Betreuung bestehender und potenzieller Kunden ist der Schlüssel zum langfristigen Erfolg eines Betriebs.
- Relationship: Der Aufbau einer vertrauensvollen Beziehung zu den Kunden steht im Zentrum der Aktivitäten des Betriebs.
- Management: Dies ist die Fähigkeit, alle Interaktionen mit bestehenden und potenziellen Kunden kontinuierlich mit allen Mitarbeitern abzustimmen.

Ziel des CRM ist es, auf langfristiger Basis Kundenbeziehungen

- aufzubauen (Akquisition),

- aufrecht zu erhalten (Retention) und
- im Lauf der Zeit zu intensivieren (Entwicklung).

Wenn möglich, soll beim CRM auch die Rückgewinnung verlorener Kunden und – falls notwendig – die Beendigung von Kundenbeziehungen in Betracht gezogen werden.

Beim bisherigen transaktionsorientierten (einzelfallorientierten) Marketing stand die Erzielung kurzfristiger Transaktionserfolge gegenüber einer anonymen „Kundenmasse" im Vordergrund. Im Sinne einer größtmöglichen Ausschöpfung des Marktpotenzials wurde zur Generierung von Unternehmenswachstum vorwiegend auf die Gewinnung neuer Kunden gesetzt.

Als mit enger werdenden Märkten die Neukundengewinnung immer schwieriger wurde, kam man zu der Auffassung, dass die Umsatzerzielung mit bestehenden Kunden langfristig effizienter sein dürfte als das stetige Bemühen um neue Kundenkontakte. Grundgedanke von Ansätzen des Beziehungsmarketings ist daher die verbesserte Ausschöpfung des Kundenpotenzials, d.h. des Erlöspotenzials, das mit einem einzelnen Kunden erzielt werden kann. Die Hauptaufgabe des Marketings hat sich damit von der Vermarktung von Produkten hin zu einer servicebasierten Steuerung von Kundenbeziehungen verschoben.

Zur Herstellung eines Grundverständnisses von CRM – nämlich im Sinne eines festgelegten, systematischen Konzepts – soll hier auf die folgende Definition zurückgegriffen werden:

§

CRM ist eine umfassende unternehmensweite Strategie, die dem systematischen Verständnis der Beeinflussung und der anschließenden Kontrolle der Kunden(rück)gewinnung, Kundenbindung und ggf. Beendigung der Kundenbeziehung dient. Auf Basis einer langfristigen Kundenwertbetrachtung soll unter Anwendung sämtlicher Marketinginstrumente und mithilfe des interaktiven Austauschs der relevanten Informationen das Ziel verfolgt werden, den Unternehmenswert nachhaltig zu steigern.

Viele kleine und mittlere Betriebe stehen – ganz im Gegensatz zu ihren Kunden – vor einem Informationsdefizit. Ihnen und ihren Mitarbeitern fehlen

- systematisch erfasste zeitgerechte Kundendaten,

- Wissen über Kundenpotenziale und
- das Verständnis über den Deckungsbeitrag je Kunde.

Wird dieses Informationsdefizit nicht ausgeglichen, hat dies weitreichende Folgen für den Betrieb. Produkte und Dienstleistungen werden am Bedarf des Kunden vorbei angeboten, die Verkürzung der Wiederbeschaffungszyklen wird verschlafen und Cross- und Up-Selling-Potenziale werden nicht wahrgenommen. Im Vergleich zu früher ist die Kundenbeziehung komplizierter und die Problematik komplexer geworden, weshalb es eines lückenlosen Informationsflusses zwischen allen Mitarbeitern bedarf.

Bevor Sie als Betriebsinhaber beginnen, eine CRM-Strategie zu entwickeln, müssen Sie folgende Fragen klären:

- Welche Kunden wollen Sie mit Ihrem Betrieb erreichen (vgl. Kapitel 4, Abschnitt I)?
- Wie wollen Sie die Kunden erreichen? Oder anders ausgedrückt: Wie stellen Sie die Kundenbeziehung her?
- Was will der einzelne Kunde?
- Wie können Sie sich von Ihren Mitbewerbern unterscheiden? Oder anders ausgedrückt: Was haben Sie, was die anderen nicht haben? Was ist Ihr Alleinstellungsmerkmal (USP)?
- Mit welchen Kunden verdienen Sie Geld, mit welchen nicht? Hier ist also eine Kunden-Deckungsbeitragsrechnung notwendig.

Die Ansprüche der Kunden sind in Bezug auf die Individualität des Angebots sowie die Dienstleistungs- und Problemlösungskompetenz des Anbieters in den letzten Jahren deutlich angestiegen. Den klassischen Kaufprozess gibt es durch den Eintritt ins Onlinezeitalter kaum noch. Des Weiteren weiß der Kunde durch das Internet besser über Produkte, Preise und Dienstleistungen der Mitbewerber Bescheid als früher, was dazu führt, dass CRM erweitert werden muss. Beyond CRM baut auf das ursprüngliche CRM auf, berücksichtigt zusätzlich die Chancen und Innovationen, die sich durch die fortschreitende Digitalisierung ergeben, wie z.B. die Möglichkeit des Dialogs des Kunden mit dem Unternehmen und auch der Kunden untereinander. Hinzu kommen natürlich auch Prozessinnovationen im Bereich der Kundenpflege.

In diesem Zusammenhang sind zwei wichtige Begriffe zu klären. Einerseits die Customer Journey (Reise des Kunden zum Unternehmen) und andererseits die Customer Experience (Kundenerfahrung).

Die Customer Journey beschreibt die Phasen, die ein Kunde durchläuft, bis er ein Produkt letztendlich kauft oder eine Dienstleistung in Anspruch nimmt. Durch die Vielzahl der möglichen Informationsquellen und -kanäle können ganz unterschiedliche Customer Journeys entstehen. Viele potenzielle Käufer besuchen beispielsweise Websites Dritter, z.B. Online-Marktplätze, Preisvergleiche und Bewertungsportale, um sich vorab über ein Produkt zu informieren. Die einzelnen Schritte auf dem Weg zum Kauf werden als „Touchpoints" (Berührungspunkte) bezeichnet. Zu diesen zählen aber auch alle anderen möglichen Kontakte zwischen Interessent und Unternehmen – egal ob bei einem persönlichen Gespräch mit einem Mitarbeiter im stationären Geschäft oder durch den Onlineauftritt des Unternehmens durch E-Mails, Newsletter oder Social Media. Dieser Kontakt kann vor dem Kauf, währenddessen und danach stattfinden. Hier gilt es zu prüfen, welche der Customer Touchpoints zum Kauf geführt haben und welche nicht. Das Unternehmen kann die direkten Berührungspunkte weitgehend selbst steuern, indem es seine Kunden „betreut" – die indirekten hängen allerdings ganz von den Kunden und den bereits gemachten Erfahrungen Dritter ab.

	Direkt	Indirekt
zweiseitig	▪ Persönlicher Verkauf ▪ Schriftverkehr und E-Mails ▪ Beratungsgespräche, Hotlines ▪ Moderiertes Markenforum	▪ Mundpropaganda (Gespräche mit Freunden, Verwandten und Bekannten) ▪ Social Media ▪ Blogs und Communitys
einseitig	▪ Werbung ▪ Newsletter (Post oder E-Mail) ▪ Produktverwendung ▪ Promotions/Events ohne Dialog ▪ Verpackungen	▪ Erfahrungsberichte (von unbekannten Personen) ▪ Massenmedien ▪ TV-/Presseberichte ▪ PR

Kategorisierung von Customer Touchpoints (in Anlehnung an Esch et al., Strategie und Technik der Markenführung)

Für die Customer Touchpoints gibt es bereits Ansätze, die alle denselben Grundgedanken verfolgen. Zunächst muss ein Anreiz gegeben sein, um die Zielgruppe auf ein Produkt aufmerksam zu machen und das Bewusstsein zu wecken (Pre-Sale). Durch diesen Anreiz wird Interesse geweckt und beim Konsumenten entsteht ein gezielter Wunsch. Der Konsument zieht in Erwägung, das Produkt zu kaufen. Dieser Wunsch nach dem Produkt wird größer und es entsteht eine konkrete Kaufabsicht. Diese führt dann idealerweise anschließend zum Kauf (At-Sale). Natürlich müssen diese Phasen nicht jedes Mal zum Kauf oder zur Bestellung eines Produkts führen. Ein Zeichen für Erfolg kann ebenso eine Eintragung für einen Newsletter (Leadgenerierung) oder die Anforderung von Informationsmaterial sein. Nach einem Kaufabschluss werden die Kunden weiterhin betreut, um den getätigten Kauf nochmals zu bestätigen und ein gutes Gefühl beim Konsumenten zu vermitteln (After-Sale). Ein erfolgreicher After-Sale führt nicht selten auch zu Cross-Selling oder Up-Selling.

Die meisten Menschen informieren sich im Voraus über ein bestimmtes Produkt, das sie kaufen, oder eine Dienstleistung, die sie in Anspruch nehmen möchten. Hierzu gehört der Austausch im privaten Umfeld, aber auch die Onlinerecherche, die sich auf Erfahrungsberichte vorheriger Käufer bezieht. Umso bedeutsamer ist es für Ihr Unternehmen, eine positive Customer Experience zu hinterlassen, denn schlechte Erfahrungen verbreiten sich schneller – vor allem im Internet.

Anhand der Statistik wird deutlich, dass potenzielle Käufer zu 80 Prozent den Empfehlungen ihrer Bekannten und anschließend zu 64 Prozent den Erfahrungen unbekannter Konsumenten vertrauen. Das bedeutet, dass Aussagen völlig Unbekannter größeres Vertrauen in den Interessenten wecken als „redaktionelle Inhalte“, „Markenwebsites“ oder die Werbung der Unternehmen.

Bei der Customer Experience wird großer Wert auf positive Kundenerfahrungen gelegt, um einen guten Eindruck zu hinterlassen und eine emotionale Bindung zwischen Kunden und Produkt bzw. Anbieter aufzubauen. Ziel des Customer-Experience-Managements ist es, durch diese positiven Erfahrungen einen zufriedenen und begeisterten Kunden zu haben, der z.B. auch online positives Feedback hinterlässt.

Nur ein nach den Grundsätzen des CRM gesteuerter Betrieb ist in der Lage, die individuellen Bedürfnisse und Wünsche seiner Kunden mit den richtigen Angeboten zum richtigen Zeitpunkt zu erfüllen.

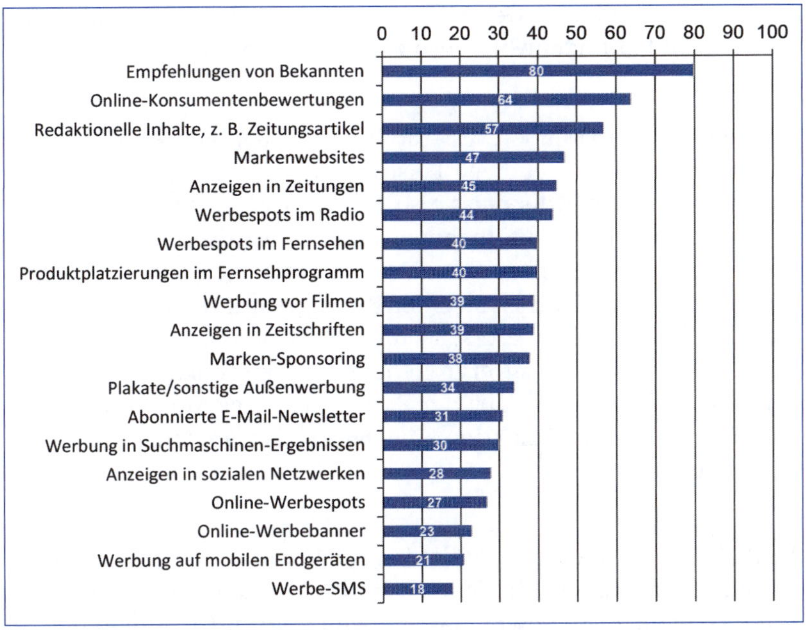

Abb. 20: Vertrauen in unterschiedliche Werbeformen in Deutschland in % (Mehrfachnennungen möglich, n = 533, „absolutes Vertrauen" und „durchaus Vertrauen" wurden zusammengefasst) (Quelle Nielsen, Global Survey 2013)

Beyond CRM trägt durch die Analyse der Customer Journey zu einem besseren Wissen über die Kundenwünsche bei und steigert durch eine positive Customer Experience die Loyalität der Kunden zum jeweiligen Betrieb. Dieser Zusammenhang liefert schließlich die Basis für die ökonomischen Wirkungen des modernen CRM.

IV. Den Kundenwert bestimmen

Für einen Marketingplan ist es neben der Betrachtung der Ist-Kundenstruktur hilfreich, den Wert der Kunden über die gesamte Zeit der Kundenbeziehung hinweg zu betrachten. Die Frage, die es bei der Erstellung eines Marketingplans zu beantworten gilt, lautet: Wie viel ist die einzelne Kundenbeziehung in Euro und Cent wert?

Bei der Beantwortung dieser Frage hilft Ihnen die Analyse des Kundenwerts (Customer Lifetime Value). Dahinter steckt die Idee, den Wert zu ermitteln, der die aktuellen und zukünftigen Potenziale der

Kunden beschreibt. Im Gegensatz zu vielen anderen Kennzahlen ist die Kennzahl „Kundenwert“ also zukunftsorientiert.

Ein dauerhafter Kundenwert für Ihr Unternehmen entsteht nur dann, wenn die angebotene Leistung dem Kunden einen echten Mehrwert erbringt. Es muss also auch ein Wert für den Kunden und nicht nur das Unternehmen erzeugt werden. Die doppelte Bedeutung des Begriffes „Kundenwert“ lässt sich auch wie folgt erklären: Einerseits lässt sich der Beitrag eines Kunden zum Geschäftserfolg und andererseits die Investitionswürdigkeit eines Kunden hinsichtlich zu ergreifender Marketingmaßnahmen ermitteln und bewerten. Ziel der Betrachtung des Kundenwerts ist die Identifikation, Selektion und Förderung gewinnbringender Kunden.

Ähnlich wie Produkte durchlaufen auch Kundenbeziehungen gewisse „Lebensphasen“, in denen sich das Verhalten, die Ansprüche und die Bedürfnisse sowie Erwartungen ändern (in Anlehnung an Müller, Einsatz von Customer Relationship Management-Systemen, S. 49). Der typische Lebenszyklus einer Kundenbeziehung sieht wie folgt aus:

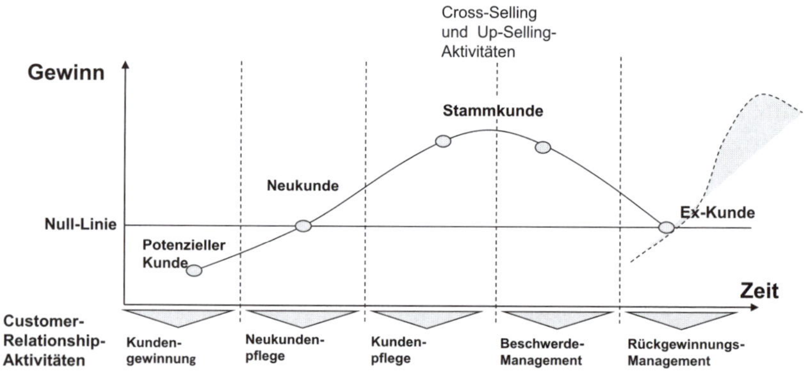

Abb. 21: Verlauf einer Kundenbeziehung

Im Einzelfall kann der Verlauf einer Kundenbeziehung davon abweichen. Durch Cross- und Up-Selling-Aktivitäten kann der Verlauf des Kundenlebenszyklus verlängert und in seiner Qualität positiv beeinflusst werden. Mit dem zeitlichen Ablauf der in der Abbildung dargestellten fünf Phasen geht eine Veränderung der Qualität der

Geschäftsbeziehung einher, die ertragsmäßig zunächst kontinuierlich zu- und später abnimmt.

- In der Phase der Kundengewinnung versucht das Unternehmen, mit potenziellen Kunden in Kontakt zu kommen. Dies verursacht erst einmal Kosten.
- Ziel dieser Kundengewinnung ist, dass möglichst viele der potenziellen Kunden in der nächsten Phase kaufen, also Neukunden werden, die entsprechend zu pflegen sind, damit sie nicht gleich anschließend zum Wettbewerb abwandern.
- In der Phase der Kundenpflege bemüht sich das Unternehmen darum, die Qualität der Kundenbeziehung zu erhöhen und auf diese Weise die Kunden stärker an sich zu binden. In dieser Phase befindet sich die Beziehungsqualität auf dem höchsten Punkt.
- Fehler in der Erstellung von Marketingaktivitäten bzw. in der Dienstleistung können dazu führen, dass die Beziehungsstärke abnimmt und somit die Kunden abwandern.
- Sinkt die Beziehungsstärke, kommt die Phase der Kundenrückgewinnung zum Tragen. In dieser Phase sollen abwanderungsgeneigte Kunden bzw. bereits zur Konkurrenz abgewanderte Kunden zurückgewonnen werden. Bei zu geringer Profitabilität der Kundenbeziehung sollte sich das Unternehmen dafür entscheiden, die Kundenbeziehung zu beenden.

Der Kundenwert wird erhöht, wenn es gelingt, die Kundenbindung zu intensivieren und gleichzeitig den Wechsel zu einem Mitbewerber zu erschweren.

Der Customer Lifetime Value (CLV) ist also der Betrag, der sich als kumuliertes Ergebnis aller Aufträge mit dem Kunden im Zeitablauf seiner Geschäftsbeziehung ergibt. Dazu werden die kumulierten Auszahlungen zur Akquisition und laufenden Betreuung dieses Kunden den kumulierten Einzahlungen aus Kundenaufträgen gegenübergestellt. Methodisch gesehen entspricht damit der CLV der klassischen Kapitalwertmethode, die zur Beurteilung der Vorteilhaftigkeit von Investitionsobjekten herangezogen wird, lediglich mit dem Unterschied, dass das Investitionsobjekt keine Maschine, sondern die Beziehung zu einem bestimmten Kunden ist. Der CLV geht wie die Kapitalwertmethode davon aus, dass künftige Einzahlungen einen geringeren Wert stiften als gegenwärtige, weshalb das Ergebnis auf den heutigen Tag abgezinst werden muss.

Zur konkreten Berechnung des Customer Lifetime Value bilden Sie pro Geschäftsjahr die Differenz zwischen den Einzahlungen und den Auszahlungen der Geschäftsbeziehung und diskontieren die Differenz auf den heutigen Tag ab. Die Summe aus den abdiskontierten Einzahlungsüberschüssen aller Perioden des Betrachtungszeitraums ergibt schließlich den CLV. Da der im Nenner stehende Diskontierungsfaktor von Periode zu Periode ansteigt, sind – wie bereits oben erwähnt – künftige Einzahlungsüberschüsse weniger wert als gegenwärtige.

Den Kundenwert können Sie wie folgt berechnen:

1. Bilden Sie die Differenz zwischen den Einzahlungen (vereinfacht z.B. Nettoumsatzerlöse) und den Auszahlungen (Akquisitionskosten, direkt umsatzabhängige Kosten, zurechenbare Kosten der Kundenbetreuung und -sicherung usw.) der Geschäftsbeziehung pro Geschäftsjahr. Die Beträge für die Zukunft sind aus den Erfahrungswerten hochzurechnen bzw. aus der Kundenpotenzialanalyse heraus zu schätzen. Der Betrachtungszeitraum wird durch die durchschnittliche Verweildauer des Kundensegments bestimmt.

2. Diskontieren Sie den Differenzbetrag zwischen Einzahlungen und Auszahlungen der einzelnen Jahre. Bilden Sie dafür für jedes Jahr den jeweiligen Diskontierungsfaktor und multiplizieren Sie diesen mit dem entsprechenden Differenzbetrag.

3. Die Summe aus den abdiskontierten Einzahlungsüberschüssen aller Perioden des Betrachtungszeitraums ergibt schließlich den CLV.

Beispiel: Wertbeitrag der Übernachtungsgäste?

Den Hüttenbesitzern (Kapitel 4, Abschnitt II) reicht eine Einteilung ihrer Gäste in Klassen nicht aus. Sie wollen zusätzlich herausfinden, welchen Wertbeitrag die Übernachtungsgäste auf lange Sicht gesehen – im Vergleich zu den anderen Kunden, z.B. den Mittagsgästen – bringen. Es zählt also nicht nur der Umsatz, auf dem z.B. die ABC-Analyse in unserem Beispiel aufgebaut wurde, sondern auch die Akquisitionskosten, die aufgewendet werden, sowie die Wahrscheinlichkeit, wie lange die Kunden der Hütte treu bleiben werden. Der CLV für dieses Beispiel lässt sich wie folgt berechnen:

Übernachtungsgäste:

Geschätzte Dauer der Kundenbeziehung	Zeitpunkt t_0	1. Jahr	2. Jahr	3. Jahr	4. Jahr
Akquisitionskosten	–1.500				
Nettoumsatzerlöse		3.500	3.700	3.400	3.700
Direkt umsatzabhängige Kosten		1.100	1.200	1.200	1.200
Kosten zur Kundenbindung pro Jahr				300	
Deckungsbeitrag pro Jahr	–1.500	2.400	2.500	1.900	2.500
Deckungsbeitrag diskontiert	–1.500	2.182	2.066	1.427	1.708
Kundenwert (CLV)	5.883				
Diskontierungssatz in % (p)	10				
		0,91	0,83	0,75	0,68

Mittagsgäste:

Geschätzte Dauer der Kundenbeziehung	Zeitpunkt t_0	1. Jahr	2. Jahr	3. Jahr	4. Jahr
Akquisitionskosten	–500				
Nettoumsatzerlöse		800	1.000	800	1.200
Direkt umsatzabhängige Kosten		200	300	300	400
Kosten zur Kundenbindung pro Jahr				300	
Deckungsbeitrag pro Jahr	–500	600	700	200	800
Deckungsbeitrag diskontiert	–500	545	579	150	546
Kundenwert (CLV)	1.321				
Diskontierungssatz in % (p)	10				
		0,91	0,83	0,75	0,68

Annahme: Das dritte Jahr läuft witterungsbedingt nicht so gut wie das zweite und vierte Jahr.

Der abdiskontierte Kundenwert für die Übernachtungsgäste beläuft sich für die nächsten vier Jahre auf 5.883 Euro pro Monat, für die Mittagsgäste liegt er im selben Zeitraum bei nur 1.321 Euro monatlich.

Zusammenfassung

Die Kundenwertberechnung kann natürlich um Werte erweitert werden, die sich aus Entwicklungs-, Cross-Selling-, Loyalitäts- und Referenzpotenzialen ergeben.

Die folgende Checkliste soll Ihnen dabei helfen, den Kundenwert zu steigern.

Checkliste: Maßnahmen zur Kundenwertsteigerung	**Ja**	**Nein**
1. Erhöhung der Einzahlungen		
Ist es Ihnen gelungen, die abgesetzte Menge an Produkten und Dienstleistungen (z.B. Übernachtungen) zu erhöhen?		
Ist es Ihnen gelungen, einen höheren Preis je Produkt und Dienstleistungseinheit (z.B. Übernachtung) beim Kunden durchzusetzen?		
Ist es Ihnen gelungen, den Kunden zum Kauf weiterer Produkte und Dienstleistungen (z.B. auch mal mittags vorbeizukommen oder länger sitzen zu bleiben und auch noch Kaffee und Kuchen zu konsumieren), d.h. zu Cross-Selling, zu bewegen?		
Ist es Ihnen gelungen, den Kunden zu einem Aufstieg in höherwertige Produkte und Dienstleistungen (z.B. teurere Gerichte zu bestellen), d.h. zu Up-Selling, zu bewegen?		

Checkliste: Maßnahmen zur Kundenwertsteigerung	**Ja**	**Nein**
2. Reduzierung der Auszahlungen		
Wurden die Geschäftsbeziehungen zu unrentablen Kunden (z.B. zu Kunden, die zu Stoßzeiten mehrere Stunden dasitzen und fast nichts verzehren) abgebrochen?		
Konnte die Anzahl der Reklamationen reduziert werden?		
Ist es durch eine Bündelung von Produkt- und Dienstleistungsangeboten zu einer besseren Kapazitätsauslastung gekommen (z.B. Angebot von Seminareinheiten auf der Hütte)?		

Kalkulieren Sie den Kundenwert für Ihre Kundengruppen und berechnen Sie, ob sich die Akquisitionskosten und Kundenbindungskosten, die Sie für die betreffende Kundengruppe ausgeben, auf lange Sicht lohnen.

V. Total Loyalty Management (TLM)

Wenn es immer schwieriger und immer teurer wird, neue Kunden zu gewinnen, gilt es primär, die Kunden zu halten und zu pflegen, die man hat. Oder neue treue Kunden zu finden, sie nachhaltig zu binden und – vor allem – sie zu aktiven Empfehlern zu machen. Dauerhafte Loyalität wird damit zum Schlüssel des langfristigen Unternehmenserfolgs.

Der Begriff „Loyalität" wird meist im Sinne von Solidarität gebraucht. Gemeint ist dabei die Zuverlässigkeit und Anständigkeit gegenüber der Gruppe, der man sich verbunden fühlt. Loyalität basiert auf Freiwilligkeit und bezeichnet die Stufe der Kundenverbundenheit, die in erster Linie nicht auf Wechselbarrieren beruht, sondern zum einen durch Freiwilligkeit der Kundenbeziehung und zum anderen durch eine stark ausgeprägte „Verteidigungsbereitschaft" gekennzeichnet ist.

Loyalität bedeutet

- freiwillige Treue,

- emotionale, andauernde Verbundenheit und
- leidenschaftliche Fürsprache.

Erzielt werden kann Loyalität nur durch den wertvollsten und sensibelsten Leistungsfaktor: den Menschen/die Mitarbeiter. Denn wer zufriedene Kunden haben möchte, der benötigt in seinem Betrieb zufriedene Mitarbeiter. Eine hohe Qualität der angebotenen Produkte und Dienstleistungen kann nur mit Mitarbeitern erreicht werden, die sich für ihre Arbeit engagieren, weil sie gut geführt werden und deshalb auch zufrieden sind. Die Erkenntnis ist eindeutig: Die Bereitschaft von Mitarbeitern, sich für andere, nämlich die Kunden, einzusetzen, hängt stark davon ab, inwieweit ihre eigene Arbeits- und Führungssituation so gestaltet ist, dass sie selbst Freude an ihrer Arbeit haben. Denn wer mit sich selbst beschäftigt ist und Probleme hat, ist kaum bereit und in der Lage, sich mit den Anforderungen, Erwartungen und Problemen anderer, nämlich der Kunden, auseinanderzusetzen.

Es ist wichtig, dass Sie Ihre Mitarbeiter nicht über-, aber auch nicht unterfordern. Als Unternehmensinhaber und Geschäftsführer haben Sie großen Einfluss auf die Gestaltung des Arbeitsumfelds. Ihre Aufgabe ist demzufolge, für eine gute Atmosphäre im Betrieb zu sorgen und die Motivation Ihrer Mitarbeiter hochzuhalten.

Unternehmensatmosphäre	Motivation durch Ziele
▪ Geben Sie Ihren Mitarbeitern persönliche Anerkennung. Sorgen Sie dafür, dass Ihre Mitarbeiter Aufgaben haben, mit denen sie sich identifizieren können. ▪ Gestalten Sie Besprechungen effizient und lassen Sie nicht zu, dass Besprechungen schlecht vorbereitet sind und ohne Ergebnisse und Aufgaben enden. ▪ Suchen Sie regelmäßig den Kontakt zu Ihren Mitarbeitern sowie das Gespräch unter vier Augen. Sprechen Sie dabei nicht negativ über andere Personen.	▪ Definieren Sie eindeutig und klar, was erreicht werden soll. ▪ Legen Sie fest, welche Bedingungen erfüllt sein müssen, damit die Ziele erreicht sind. ▪ Formulieren Sie anspruchsvolle Ziele, die inspirieren und herausfordern. ▪ Legen Sie die Ziele realistisch fest, d.h. setzen Sie keine Ziele, die von den Mitarbeitern mit den vorhandenen Mitteln nicht erreicht werden können. ▪ Legen Sie die Termine für Arbeitsbeginn, Meilensteine und Kontrollpunkte fest.

VI. Von Big Data zu Smart Data

Der Begriff „Big Data“ steht für große Datenmengen, die digital gesammelt, verarbeitet und ausgewertet werden. In der modernen digitalen Welt werden nahezu überall Daten gesammelt. Egal ob beim Surfen am Computer, mit dem Tablet oder dem Smartphone. Durch Cookies auf Websites, Apps oder andere Programme werden Daten gesammelt, analysiert und gespeichert. Aus bestimmten Vorlieben, die durch die Auswertung bekannt werden, entsteht dann z.B. personalisierte Werbung. Waren Sie beispielsweise auf einem Online-Marktplatz shoppen und besuchen anschließend ihr Social-Media-Profil, werden Ihnen die Artikel, für die Sie sich interessieren und die Sie angeklickt haben, erneut angezeigt.

Mindestens ebenso wertvoll wie diese Shoppingvorlieben sind auch die Daten von Industrieanlagen, Gebäuden, Energiesystemen oder Krankenhäusern. Durch einen vorausschauenden Prozess in Form von regelmäßigen Messungen von diversen Geräten kann schon lange, bevor eine Maschine ausfällt, eine Veränderung deutlich werden, auf die reagiert werden kann. Weichen die Messungen z.B. von den normalen Werten ab, wird automatisiert ein Serviceteam gerufen. Dieses vorausschauende Verfahren ist z.B. besonders bei medizinischen Geräten in Krankenhäusern oder auch in der Energiewirtschaft für Kraftwerke sehr wertvoll und hilfreich. Natürlich entsteht jeden Tag eine unvorstellbar große Menge an Daten, aus denen jedes Unternehmen diejenigen herausfiltern muss, die für die Analysen wertvoll sind.

Wenn der Konsument z.B. bei einer Befragung schildern soll, welche Motivation ihn vor dem Kauf bewegt hat, welche gegenwärtigen Wünsche und Bedürfnisse bestehen und welche zukünftigen Verhaltensweisen er an den Tag legen wird, ist das schwierig. Einfacher ist es, innerhalb der Customer Journey (Kapitel 4, Abschnitt III „Beyond CRM“) zu recherchieren, wo die Berührungspunkte mit dem Unternehmen (Customer Touchpoints) liegen, und den Kunden direkt zu diesen Punkten zu befragen.

Stellen Sie sich folgende Fragen vor, die einem Teilnehmer einer Konsumentenstudie gestellt werden sollen:

- Welche Marken kaufen Sie bevorzugt, wenn es um Zahncreme, Schuhe oder Müsli geht?
- Welche anderen Marken zogen Sie in Betracht zu kaufen?

- Welche Faktoren haben Sie beeinflusst, die Marke zu kaufen, die Sie ausgewählt haben?
- Welche Marke werden Sie voraussichtlich beim nächsten Einkauf erwerben?

Je größer der zeitliche Abstand zwischen der Befragung und der Einkaufserfahrung ist, desto schwieriger wird es, diese Fragen richtig zu beantworten. Und je mehr Routine bei den Einkäufen besteht, desto ungenauer werden die Angaben über die Kaufentscheidung. Eine Befragung über die Planung des Einkaufs und über die Motive, die vor dem Kauf den Erwerb einer bestimmten Marke beeinflusst haben, sollte demnach auch vor dem Kauf durchgeführt werden. Die Eindrücke von bestimmten Marken sollten direkt beim Kauf, also z.B. am Regal, abgefragt werden. Die Erfahrung mit den gekauften Produkten sollte möglichst zeitnah nach dem Erwerb abgefragt werden. Nur auf diese Weise können aus Big Data zuverlässige und hilfreiche Smart Data werden. Smart Data sind also Daten, die zur richtigen Zeit am richtigen Ort abgefragt wurden (vgl. Knowles, R./Courtright, M., Smart Data).

5. Kapitel

5

So machen Sie Ihr Unternehmen einzigartig

i

Fünftes Gebot: Anders sein als andere

Heben Sie sich klar von anderen ab und seien Sie einzigartig. Im Wettbewerb zählt eine klare Positionierung und Differenzierung. Bieten Sie Ihren Kunden einen Nutzen, nicht nur das Produkt allein.

I. Durch Dienstleistungen Mehrwert schaffen

Wenn von „Produkten" gesprochen wird, versteht man darunter meist nicht nur Konsumgüter bzw. Sachleistungen, sondern auch Dienstleistungen. Vergessen Sie diese also nicht, wenn Sie sich einen Überblick über die Stellung Ihres Produktangebots aus Sicht des Kunden und des Handels machen.

Ein Unternehmen kann sich einen individuellen und nur schwer nachahmbaren Charakter aufbauen, indem es zusätzlich zu den Sachleistungen, also den materiellen Produkten, Dienstleistungen anbietet. Diese lassen sich nicht so leicht kopieren. Dienstleistungen sind am Markt angebotene immaterielle Leistungen, die für den Nachfrager einen nicht imitierbaren Nutzen bieten sollen.

Dienstleistungen können als eigenständige marktfähige Produkte am Markt angeboten werden (z.B. Haare schneiden) oder als Zusatzleistungen zusammen mit Sachprodukten vermarktet werden (z.B. Installationsservice beim Computerkauf). Der Vorteil des Angebots von Dienstleistungen ist, dass sie teilweise schwerer zu vergleichen und dadurch die Preise weniger transparent sind. Der Preisvergleich von immateriellen Dienstleistungen ist wesentlich schwieriger als der von materiellen Produkten. Ein weiteres Merkmal von Dienstleistungen ist die Steigerung des Vertrauens der Kunden bei sehr gut erbrachten Dienstleistungen (z.B. Installation einer aus Kundensicht einwandfrei funktionierenden Virenschutzsoftware auf einem PC) und die damit einhergehende Kundenbindung.

Merkmale von Dienstleistungen sind

- menschliche Leistungsfähigkeit (handwerkliche Arbeit, geistige und sensorische Fähigkeiten),
- Immaterialität (nicht fassbar und nicht lagerbar) und
- Integration von Objekt und Mensch (z.B. Beratung) im Erstellungsprozess (vgl. Nagl, Dienstleistungsmarketing in der Augenoptik, S. 17).

Dienstleistungen ermöglichen also

- eine Marktprofilierung durch eine positive Mundpropaganda zufriedener Kunden,
- die Schaffung von Kundenbindung aufgrund der Vertrauensqualität der Kunden zu ihrem Anbieter („Austrittshemmschwelle"),
- den Aufbau von Wettbewerbsbarrieren für eine stabile Marktstellung,
- Preiserhöhungen ohne größeren Kundenverlust und
- die Sicherung der Marktanteile.

Beispiel: Dienstleistungen eines Elektronik-Fachgeschäfts

Der Besitzer und Leiter des Fachhandels „Elektro Nick" ruht sich nicht auf alten Verkaufsstrukturen aus. Er sieht sich nicht nur als Lieferant für elektronische Geräte und Maschinen, sondern auch als Dienstleister. Er suggeriert den Kunden mit seinem Angebot Sicherheit und faire Preise in Bezug auf die Qualität seiner Produkte.

Der Elektro-Fachhandel bietet folgende Dienstleistungen an:

1. Installation der erworbenen elektronischen Geräte im Preis inklusive, d.h. Sicherheit und Zeitersparnis für beschäftigte Kunden durch spezialisierte Fachkräfte

2. Benachrichtigung per Telefon, E-Mail oder SMS, wenn bestellte Geräte zur Abholung bereitstehen, oder auch Lieferung nach Hause, d.h. wesentlich höherer Komfort für die Kunden als bisher
3. Versicherung der Elektrogeräte für drei Jahre: beinhaltet Kundendienst sowie 24-Stunden-Service für Wartung und Reparatur vor Ort, d.h. Flexibilität, Zeitersparnis und schnellstmögliche Reparatur von defekten Geräten für die Kunden
4. Der 24-Stunden-Service kann auch ohne abgeschlossene Versicherung gegen eine Gebühr angefordert werden, d.h. schnelle Hilfe für ältere Menschen, die keine Versicherung abgeschlossen haben, aber auch nicht mehr mobil sind.

Durch eine Lieferung und die Elektroinstallation bei den Kunden zu Hause bietet Elektro Nick eine komfortable und zeitsparende Möglichkeit für beschäftigte Kunden. Die Versicherung, die optional dazu erworben werden kann und einen 24-Stunden-Service garantiert, verschafft Elektro Nick einen Wettbewerbsvorteil gegenüber Mitbewerbern. Über eine Notfall-Hotline können Kunden auch außerhalb der Geschäftszeiten des Fachgeschäfts anrufen und Hilfe bei reparaturbedürftigen Geräten anfordern. Ältere Menschen, die ab und zu nicht mehr ganz so mobil sind, sind oft für solche Dienstleistungen dankbar und auch bereit, dafür Geld auszugeben.

✔ Stellen Sie fest, welche Dienstleistungen bereits in Ihrem Betrieb angeboten werden und ob diese ausbaufähig sind. Beobachten Sie in Ihrer eigenen, aber auch in anderen Branchen (Stichpunkt Benchmarking), wie sich die einzelnen Anbieter unterscheiden. Vielleicht lässt sich eine Idee auf ihr Geschäft übertragen. Erfassen Sie auch, inwiefern Ihre Dienstleistungen den Wünschen Ihrer Kunden entsprechen. Fragen Sie dafür Ihre Mitarbeiter, wie oft eine Dienstleistung angeboten und dann auch angenommen wurde. Falls notwendig (z.B. aufgrund zu hoher Kosten), haben Sie den Mut zu Veränderungen. Nutzen Sie Ihre Stärken und setzen Sie sie geschickt ein.

II. Produkte verändern

Um herauszufinden, wann der richtige Zeitpunkt für Produktveränderungen ist, empfiehlt sich eine Analyse des bestehenden Produktprogramms. Für diese Analyse eignen sich beispielsweise die Lebenszyklus- und die Portfolioanalyse sowie das Benchmarking. Diese drei Methoden werden im Folgenden erläutert.

1. Die Lebenszyklusanalyse

Der Produktlebenszyklus zeigt die zeitliche Entwicklung einer Produktkategorie oder eines einzelnen Produkts am Markt. Jedes Produkt durchläuft einen Lebenszyklus, unabhängig davon, ob dessen „Lebensdauer" Jahrzehnte oder nur einige Monate beträgt. Der Produktlebenszyklus wird in folgende Phasen unterteilt:

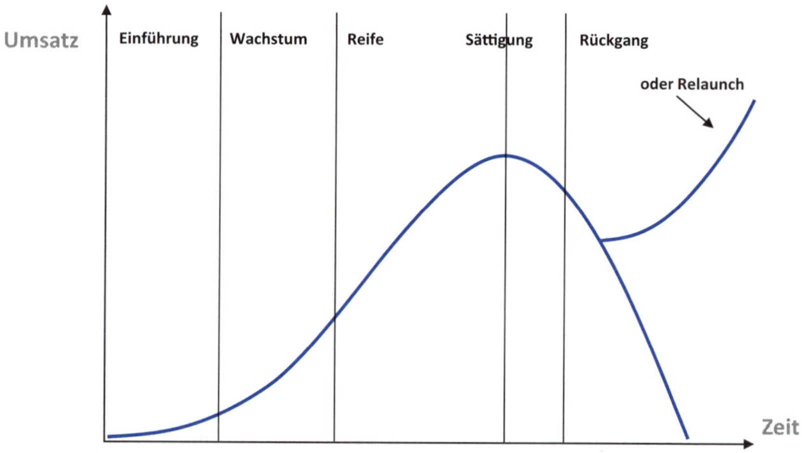

Abb. 22: Phasen eines typischen Produktlebenszyklus

- In der Einführungsphase stehen hohe Anfangsinvestitionen geringen Umsätzen und häufig negativen Deckungsbeiträgen gegenüber. Beispiel: Elektroautos.
- In der Wachstumsphase erhöht sich der Bekanntheitsgrad durch die Wirkung des Marketings und es werden überdurchschnittliche Zuwachsraten erzielt. Ziel ist es, in dieser Phase die Gewinnzone zu erreichen. Beispiel: Elektrobikes.
- Die Reifephase ist die profitabelste aller Phasen, da die Umsatzkurve hier am höchsten ist. Doch gehen hier die Gewinne allmählich

zurück, da die Konkurrenz sehr stark wird. Allerdings haben die Unternehmen immer noch einen sehr hohen Marktanteil. Beispiel: Pkw mit Verbrennungsmotoren.

- In der Sättigungsphase ist die Umsatzentwicklung zum ersten Mal rückläufig. Das Marktpotenzial ist ausgeschöpft und der Markt ist gesättigt, die Bedeutung von Ersatzkäufen steigt. Hinweis: Oft werden die Reife- und Sättigungsphase auch in einer Phase zusammengefasst.
- In der Rückgangsphase sinkt der Umsatz stark. Durch verbesserte Produkte besteht kaum noch Bedarf am ursprünglichen Produkt. Beispiel: CDs.
- Beim Relaunch wird ein Produkt, das in der Vergangenheit einen guten Ruf hatte, aber sich in der Sättigungsphase befindet, überarbeitet bzw. neu konzipiert und wieder in den Markt eingeführt, wie z.B. der Fiat 500. Im großen Stil gibt es den Produkt-Relaunch bei Manufactum: Produktklassiker mit hoher Qualität aus vergangenen Jahrzehnten werden durch das Unternehmen wieder in den Markt eingeführt.

✔

Ordnen Sie Ihre Produkte (und die der Hauptkonkurrenten) der entsprechenden Phase im Lebenszyklus zu und leiten Sie daraus die entsprechende Strategie ab:

- Produktstrategien: In der Reifephase können Produktverbesserungen oder Differenzierungen den Sättigungstendenzen am Markt entgegenwirken.
- Instrumentalstrategien: In der Einführungsphase ist der Bekanntheitsgrad durch einen hohen Werbeeinsatz möglichst rasch zu steigern.
- Absatzkanalstrategien: In der Wachstumsphase ist es meist sehr hilfreich, durch attraktive Werbemaßnahmen am Point of Sale (im Ladengeschäft) oder Onlineplattformen usw. weitere Absatzkanäle hinzuzugewinnen.
- Konkurrenzstrategien: In der Sättigungsphase kann beispielsweise durch Innovationen und Spezialisierungen (z.B. Bio) oder im Zweifelsfall durch Preissenkungen die eigene Marktstellung gegenüber den Hauptkonkurrenten verbessert werden.

An dieser Stelle eignet sich das Beispiel Top Optik aus Kapitel 2, Abschnitt III.

Beispiel: Veränderungen, die sich kaum einfach so „kopieren" lassen

Damit die Kunden mit dem Namen „Top Optik" Qualität und Individualität verbinden, hat sich Herr Top auf den Verkauf von maßgefertigten und individuellen Brillenfassungen konzentriert. Es wurde Werbung für das modernste und einzigartige Mess- und Herstellungsverfahren gemacht. Durch den Gesichtsscanner hat Thomas Top ein Alleinstellungsmerkmal gegenüber seinen Wettbewerbern. Diese Innovation werden die Konkurrenten aufgrund der damit verbundenen hohen Investitionen nicht so schnell nachmachen.

2. Die Portfolioanalyse

Die Portfolioanalyse ist ein sehr häufig eingesetztes Analyseinstrument. Hier werden beispielsweise Kunden, Wettbewerber, Geschäftseinheiten oder Produkte analysiert. Im folgenden Beispiel wird die Erarbeitung eines Produktportfolios gezeigt. Ziel der Portfolioanalyse ist es, Aufschluss darüber zu erhalten, in welcher Situation sich das Produkt aktuell befindet und welche Richtung in der Zukunft eingeschlagen werden soll.

Das Grundgerüst einer Portfolioanalyse besteht immer aus zwei voneinander unabhängigen Achsen.

- Auf der Abszisse (x-Achse, horizontal) wird eine intern beeinflussbare Variable (z.B. der relative Marktanteil) und
- auf der Ordinate (y-Achse, vertikal) eine externe, nicht vom Unternehmen beeinflussbare Variable (z.B. das zukünftig prognostizierte Marktwachstum)

abgebildet.

So gehen Sie bei der Portfolioanalyse vor:

1. Legen Sie das gewünschte Analyseobjekt fest (z.B. Produkte).
2. Erstellen Sie ein Ist-Portfolio, indem Sie folgende Parameter ermitteln:

   – Umsatz

– relativer Marktanteil

– zukünftiges Marktwachstum

3. Je nach Position der Analyseobjekte im Portfolio werden unterschiedliche Normstrategien empfohlen.

4. Erstellen Sie dazu ein Soll-Portfolio. So soll Ihr Analyseobjekt (z.B. die Produkte) nach dem jeweiligen Strategiedurchlauf in der Zukunft positioniert sein.

Wenden Sie den Portfolioansatz der Unternehmensberatung Boston Consulting Group (BCG) für die Erklärung dieses Produktportfolios an. Die BCG unterteilt das Portfolio in vier Felder und daraus lassen sich Normstrategien ableiten. Diese Normstrategien können und sollen nur ein Anhaltspunkt für die Entwicklung unternehmensspezifischer Produktstrategien und Aktionsprogramme sein, da diese in der Prinzipdarstellung die unternehmensindividuellen Gegebenheiten meist in nicht ausreichendem Umfang berücksichtigen können.

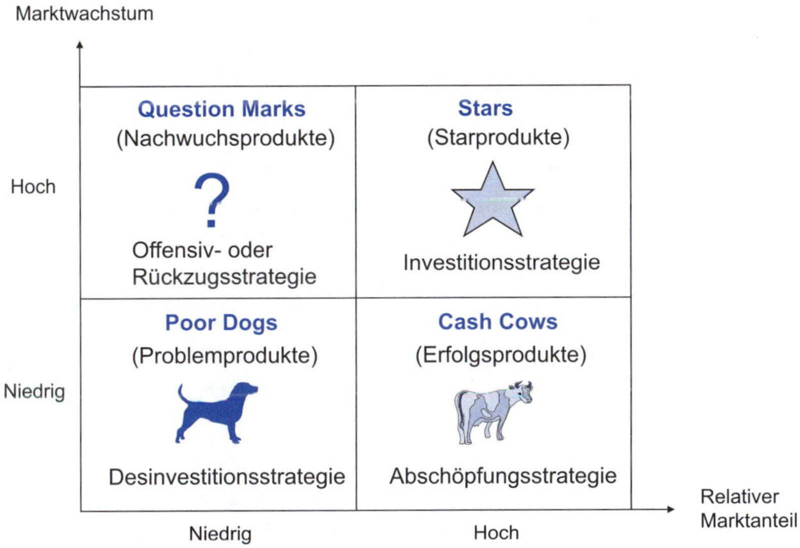

Abb. 23: Produktportfolio – Vier-Felder-Matrix (vgl. Bruhn, Marketing, S. 71)

- Stars (Sterne) sind Produkte, die in wachsenden Märkten über eine gute Marktposition und somit über einen hohen relativen Marktanteil verfügen. In diese Produkte ist im Regelfall zu investieren.

- Cash Cows (Milchkühe) sind Produkte, die zwar über eine etablierte Marktposition verfügen, allerdings in Märkten mit geringeren Wachstumsraten platziert sind. Hier sollten Kostensenkungsprogramme, Rationalisierungsprogramme und nur so viele Investitionen, wie zur Erhaltung der Marktstellung notwendig sind, eingesetzt werden.

- Poor Dogs (arme Hunde) sind Produkte, die bei geringer Marktwachstumsrate über eine schwache Marktposition bzw. geringen relativen Marktanteil verfügen. Sie sind meist nicht mehr rentabel und müssen bei Nichtaufgabe durch zusätzliche Mittel finanziert werden.

- Question Marks (Fragezeichen) sind Produkte, die aufgrund des (derzeit noch) geringen Marktanteils einen geringen Cashflow erwirtschaften, aber für eine Verbesserung der Marktstellung erhebliche Mittel beanspruchen würden. Hier sollten auf alle Fälle noch weitere Analysen getätigt werden, bevor eine Rückzugsstrategie ggf. eingeleitet wird.

Beispiel: Produktportfolio nicht alkoholischer Getränke in einem Kiosk

Der Besitzer eines Kiosks bietet unterschiedliche Produkte in seinem Sortiment an. Darunter befinden sich alkoholische Getränke, nicht alkoholische Getränke, Süßigkeiten, Tabak und Zeitschriften. Wird die Untergruppe der nicht alkoholischen Getränke näher betrachtet, ergeben sich vier Kategorien (ohne Mineralwasser):

- Produkt A: Cola/Fanta
- Produkt B: Energydrinks
- Produkt C: Fruchtsäfte/Smoothies
- Produkt D: Kräuterlimonaden

Die Hauptumsatzträger sind Cola/Fanta, gefolgt von den Energydrinks und den Fruchtsäften/Smoothies. Die Kräuterlimonaden laufen im Kiosk nicht so gut, weshalb sie nur eine geringe Bedeutung für den Geschäftsinhaber haben. In der folgenden Tabelle sind die eigenen Marktanteile und die Marktanteile des jeweils stärksten Wettbewerbers der einzelnen Produkte angegeben. Der relative Marktanteil lässt sich aus dem eigenen Marktanteil dividiert durch den Marktanteil des stärksten Wettbewerbers errechnen. Darüber hinaus enthält diese Tabelle das geschätzte zukünftige Marktwachstum für die relevanten Absatzmärkte und die Umsatzanteile der vier Produktbereiche am Gesamtumsatz des Unternehmens.

Relativer Marktanteil = Marktanteil eigener Betrieb : Marktanteil größter Wettbewerber

	Produkt A **Cola/Fanta**	**Produkt B** **Energydrinks**	**Produkt C** **Fruchtsäfte/ Smoothies**	**Produkt D** **Kräuterlimonaden**
Marktwachstum	–0,6 %	0,4 %	0,9 %	–0,9 %
Marktanteil eigener Betrieb	40 %	40 %	12 %	14 %
Marktanteil größter Wettbewerber	21 %	32 %	40 %	47 %
Relativer Marktanteil	1,9	1,3	0,3	0,3
Umsatzanteil	38 %	30 %	20 %	12 %

Marktdaten

Werden die Marktdaten in das Produktportfolio eingesetzt, ergibt sich folgende Abbildung. Hinweis: Der Durchmesser der Kreise entspricht der Umsatzgröße.

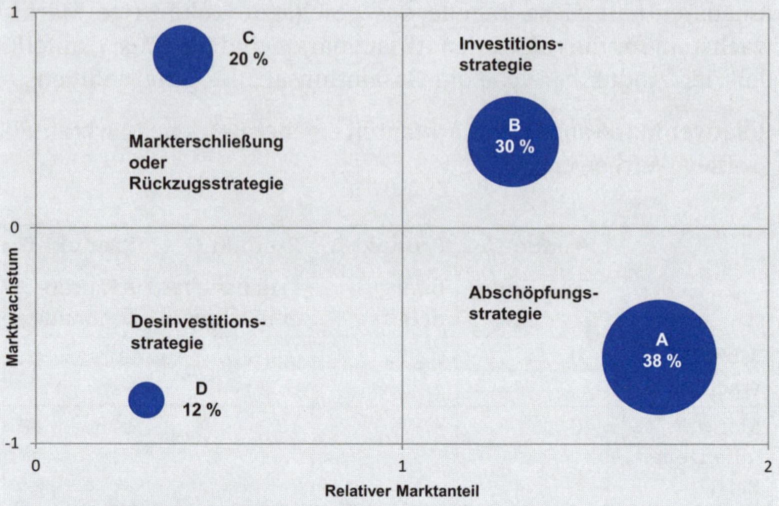

Abb. 24: Produktportfolio

Interpretation:

1. Mit den A-Produkten Cola/Fanta (Cash Cow-Produkte) macht der Kiosk am meisten Umsatz. Dieses Produkt wird von den Kunden sehr gerne gekauft. Eine Abschöpfung des Markts mit Cola/Fanta erscheint sinnvoll.

2. In die B-Produkte, die Energydrinks (Star-Produkte), sollte investiert werden, da diese Produkte sowohl einen hohen Marktanteil als auch ein großes Potenzial zum Marktwachstum haben.

3. Für C, die Fruchtsäfte/Smoothies (Fragezeichen-Produkte) ist zu prüfen, ob das Produkt einen höheren Marktanteil erreichen kann und demzufolge mehr investiert werden sollte oder ob ein Rückzug vorteilhaft sein könnte.

4. Die D-Produkte, die Kräuterlimonaden (Poor-Dog-Produkte), sollten gemäß Normstrategie aus dem Sortiment genommen werden, da der Umsatz, die Nachfrage und der Anteil am Gesamtmarkt gering sind. Wichtig ist aber zu prüfen, ob diese D-Produkte als Ergänzung (Variation) des Sortiments des Kiosks wichtig sind.

i

Bei Produkten, die in den Bereich der Fragezeichen fallen, ist zu prüfen, ob durch Investitionen Umsatzwachstum realisiert werden kann oder ob ein Rückzug dieses Produkts aufgrund begrenzter Ressourcen sinnvoll wäre, damit die zur Verfügung stehenden Mittel in umsatzstärkere Produkte investiert werden können. Falls der Markt der Fragezeichen-Produkte weiter stark wächst, ist es oftmals durchaus möglich, Fragezeichenprodukte durch Zuführung von Investitionsmitteln zu Star-Produkten zu entwickeln.

Bei Produkten die sich bereits im Bereich der Stars befinden, sind der relative Marktanteil und das Marktwachstum hoch. Achten Sie darauf, dass Sie in schnell wachsenden Märkten genug Investitionen tätigen, um den Wachstumskurs fortzusetzen.

Bei den Cash Cows lässt das Marktwachstum nach und zwar meist bis hin zur Marktstagnation. Daher sollten Sie nur so viel wie absolut notwendig in diese Produkte investieren und das meist noch relativ hohe Ertragspotenzial nutzen.

Bei den Poor Dogs sollten Sie beachten, dass der Markt für diese Produkte stagnierend bis rückläufig ist und Ihr Unternehmen bei diesen Produkten eine schwache Stellung im Markt hat. Das Einsetzen von Ressourcen ist hier meist nicht angebracht. Laut Normstrategie ist zu prüfen, ob diese Produkte aus dem Angebot zu nehmen sind.

Generell gilt: Finden Sie mithilfe der Portfolioanalyse heraus, wie Ihre Chancen am Markt stehen, wie attraktiv die von Ihnen bedienten Märkte sind und welche Konsequenzen Sie daraus hinsichtlich der Weiter- und Neuentwicklung von Produkten ziehen können. Betrachten Sie diese Normstrategien als Hintergrundinformation und nicht als die ideale, passende Produktstrategie, da – wie bereits erwähnt – unternehmensspezifische Besonderheiten bei einem derartigen Portfolio im ersten Schritt nicht ausreichend berücksichtigt werden.

3. Das Benchmarking

„Benchmarking ist die Methode, eigene Fähigkeiten mit denen der Wettbewerber zu vergleichen, vom Best of Class zu lernen und sich zum Best of Practice ausgewählter Leistungsmerkmale zu entwickeln." (Kairies, So analysieren Sie Ihre Konkurrenz, S. 119). Der konsequente Vergleich Ihres Unternehmens mit dem Besten (Best of Class) lässt Sie die Leistungsunterschiede gegenüber den Konkurrenten und die Gründe dafür ermitteln. Letztendlich soll Benchmarking dazu beitragen, aufgrund des Wissens und der Inspirationen durch Mitbewerber und Branchenfremde Verbesserungen in Ihrem eigenen Unternehmen identifizieren zu können. Vergleichen Sie dafür Ihr Leistungsangebot mit dem Unternehmen, das in dem jeweilig speziellen Aufgabenfeld am besten ist.

Damit der Arbeitsaufwand bei der Durchführung des Benchmarkings sich im Rahmen hält, ist es notwendig, die Projektpartner für Benchmarking kritisch auszuwählen. Auch ist es sinnvoll, sich auf wenige oder gar nur einen Benchmarkingpartner zu beschränken. Dieser sollte natürlich in den relevanten Vergleichsfeldern ein hohes Niveau haben. Zudem ist bei der Auswahl der Benchmarkingpartner nicht notwendigerweise ein Unternehmen aus der Branche zu wählen, manchmal ist es sehr vorteilhaft, bei branchenfremden Anbietern betriebliche Funktionen oder interne Abläufe zu durchleuchten. Denn es ist für Sie leichter, die Konkurrenz zu übertreffen, wenn Sie sich nicht ausschließlich an deren Leistung orientieren, sondern die innovativsten Ideen, die vielfach aus anderen Branchen stammen, in Ihre Überlegungen einbeziehen. Natürlich darf dabei nicht vergessen werden, dass die Abläufe des Vergleichspartners auf das eigene Unternehmen zumindest näherungsweise übertragbar sein sollten.

Beispiel: Der mobile Physiotherapeut

Physiotherapiepraxis Immerwohl ist eine „gewöhnliche" Praxis, in der sowohl Therapien als auch Massagen und Kurse angeboten werden. Ziel der Geschäftsführerin war es, an ihrem Dienstleistungsangebot zu arbeiten, und so entstand die Benchmarkingidee „Die mobile Physiotherapie für zu Hause". Der Kundenstamm der Praxis besteht hauptsächlich aus kranken und älteren Menschen, für die es nicht einfach ist, zur Therapie in eine Praxis zu kommen. Es bestand eine große Nachfrage nach Kursen, Massagen und Therapien für zu Hause. Da die Termine in der Praxis stark nachgefragt wurden und sich für die Geschäftsführerin daher keine Möglichkeit für Hausbesuche bot, stellte sie speziell für Hausbesuche kompetentes Personal ein. Aufgabe der neuen Angestellten ist es, die Kunden zu Hause zu besuchen, um die gewünschte Therapie durchzuführen. Zusätzlich werden auch die modernen kinesiologischen Taping-Behandlungen angeboten. Die Termine für die Patienten werden über einen Online-Terminkalender organisiert, auf den jeder Zugriff über das Internet hat. Inspiriert wurde die Physiotherapeutin durch die mobilen Pflegeservices des Roten Kreuzes. Die Statistiken zeigen, dass das Durchschnittsalter der Bevölkerung ansteigt und mobile, beim Kunden zu Hause erbrachte Dienstleistungen eine immer wichtigere Rolle spielen.

Die Anreize bzw. Möglichkeiten für Leistungsverbesserungen werden hauptsächlich in den Bereichen Qualität, Preis, Produktionsmenge und Kosten gesucht. Leistung bedeutet in diesem Falle Kundennutzen, der sich aus dem Verhältnis von Qualität und Preis bildet, und Produktivität, die sich aus dem Quotient Produktionsmenge und Kosten bildet. Finden Sie in folgenden Schritten heraus, welchen Nutzen Ihre Kunden von Ihrer Gestaltung von Qualität und Preis haben und ob Sie produktiv arbeiten bzw. was an den Leistungen verbessert werden kann.

a) Schritt 1: Projektziele bestimmen

Führen Sie eine Stärken-Schwächen-Analyse für Ihr Unternehmen durch, um bestehenden Verbesserungsbedarf zu identifizieren. Erkannte Schwächen können den Anstoß dazu geben, ein Benchmarkingprojekt durchzuführen. Zur Beurteilung können Ergebnis-, Zeit-, Kosten- und Marktanteilsgrößen sowie Qualitäts- und Kundenzufriedenheitsaspekte verwendet werden.

b) Schritt 2: Benchmarkingteam bilden

Es sollte ein Team aus den Mitarbeitern gebildet werden, die täglich mit der Abwicklung der zu verbessernden Prozesse befasst sind. Natürlich kann für ein Benchmarkingprojekt auch eine einzelne Person beauftragt werden, jedoch liefert ein Team meist bessere Ergebnisse, weil durch unterschiedliche Meinungen und Ideen vielseitige Optionen möglich sind. Die Teammitglieder sollten Teamfähigkeit, Kommunikationsgeschick, die Bereitschaft zur Veränderung und die Fähigkeit zur konstruktiven Selbstkritik mitbringen. Die Aufgaben des Teams bestehen aus folgenden Komponenten:

- Suche nach geeigneten Benchmarkingpartnern
- Erhebung von Informationen über den Benchmarkingpartner
- Durchführung der Analysen zur Ermittlung der Leistungslücke zwischen Benchmarkingpartner und dem eigenen Unternehmen
- Zusammenstellung von Verbesserungsvorschlägen

- Planung von Verbesserungsaktivitäten
- Durchführung bzw. Überwachung der Umsetzung der Verbesserungsmaßnahmen

c) Schritt 3: Benchmarkingpartner bestimmen

Bei der Auswahl der Vergleichspartner stehen Ihnen – abhängig von der Zielsetzung des Projekts – verschiedene Möglichkeiten offen:

- Internes Benchmarking: Sie vergleichen den zu analysierenden Bereich mit einem anderen Funktionsbereich Ihres Unternehmens, der in Bezug auf die zu beurteilende Größe eine Stärke aufweist. Bei einem Fitnessstudio könnte das z.B. eine weitere Filiale sein.
- Wettbewerbsorientiertes Benchmarking: Sie orientieren sich an den Leistungsvorgaben des in Ihrer Branche führenden Wettbewerbers. In unserem Beispiel könnte das ein führendes Fitnessstudio in derselben Stadt sein.
- Branchenübergreifendes Benchmarking: Sie suchen sich einen branchenfremden Benchmarkingpartner. Dabei sollten Sie darauf achten, dass Sie die gewonnen Erkenntnisse auf Ihr Unternehmen übertragen können. Wenn es beispielsweise um die Erfolgsfaktoren von einer Kundenkarte beim Fitnessstudio geht, ist ein Benchmarkvergleich mit der Payback-Karte durchaus sinnvoll.

d) Schritt 4: Vergleichsanalysen durchführen

Analysieren Sie systematisch den zu verbessernden Prozess, um so die Leistungslücke zwischen dem Vergleichsprozess bzw. -unternehmen und dem eigenen Unternehmen zu ermitteln. Suchen Sie auch nach den Ursachen für die Leistungslücke. Bevor die Vergleichsanalysen tatsächlich durchgeführt werden können, müssen Sie sich relevante Informationen über den Benchmarkingpartner beschaffen. Untersuchen Sie quantitative (Mengen, Kosten, Zeiten) sowie qualitative Aspekte, die für die höhere Dienstleistungsqualität des Vergleichspartners verantwortlich sind. Informationsquellen hierfür sind z.B. Firmenpublikationen, Tagungen, Verbände, Datenbanken, Fachpresse, Messen, Expertengespräche oder Firmenbesichtigungen.

e) Schritt 5: Die gewonnenen Informationen interpretieren

Die gewonnenen Informationen auszuwerten, stellt hohe Anforderungen an die Kreativität. Ermitteln Sie Ähnlichkeiten und Unterschiede der einzelnen Prozesse bzw. Unternehmen. Arbeiten Sie Einflussfaktoren, die zu Spitzenleistungen bei den Benchmarkingunternehmen führen, heraus und interpretieren Sie diese anschließend.

f) Schritt 6: Erkenntnisse umsetzen und kontrollieren

Um den Kundennutzen und die Produktivität zu verbessern, setzen Sie im letzten Schritt die durch das Benchmarking erkannten Möglichkeiten um und kontrollieren regelmäßig die Ergebnisse.

Beispiel: Das Benchmarkingprojekt von Physiotherapie Immerwohl

Schritt 1:	**Schritt 2:**	**Schritt 3:**
Projektziele bestimmen ▪ Verbesserung der Kundenzufriedenheit ▪ Erzielung eines hohen Marktanteils bei kranken und pflegebedürftigen Personen	Benchmarkingteam bilden ▪ Attraktiv für Kunden sein, die die Praxis aus gesundheitlichen Gründen nicht aufsuchen können	Benchmarkingpartner bestimmen ▪ Branchenübergreifendes Benchmarking unter Orientierung am Benchmarkingpartner „Rotes Kreuz“

Schritt 4:	**Schritt 5:**	**Schritt 6:**
Vergleichsanalysen durchführen ▪ Wie viel darf die Dienstleistung „Zu-Hause-Betreuung“ kosten? ▪ Sind die in Anspruch nehmenden Kunden attraktiv und zahlungsfähig?	Die gewonnenen Informationen interpretieren ▪ Zeitliche Flexibilität wird sehr positiv aufgenommen ▪ Auch entferntere Gebiete sollten mitversorgt werden ▪ Kompetentes Personal mit zusätzlicher psychologischer Ausbildung	Erkenntnisse umsetzen und kontrollieren ▪ Durchführung eines täglich mobilen Therapieservices ▪ Mobilen Service an Kundenbedürfnissen ausrichten ▪ Einzugsgebiet erweitern

Erkenntnisse aus einem Benchmarkingprojekt

III. (Neu-)Produkte planen

Um jederzeit Star-Produkte im Produktportfolio zu haben, sind laufend Produktplanungsaktivitäten notwendig. So ist beispielsweise die Frage zu klären, welche Veränderungen im Produktprogramm für die Weiterentwicklung des Unternehmens Erfolg versprechen. Dabei ist es nicht unbedingt notwendig, ein komplett neues Produkt zu entwickeln – es kann auch ein Produkt sein, das es in einem anderen Land schon gibt oder das ein Konkurrent anbietet. Wichtig dabei ist nur, dass das Neue erfolgreich genutzt und vom Markt angenommen wird. Viele Ideen, die heute erfolgreich sind, sind im Tagesgeschäft entstanden. Meist sind es die Nutzer, die wertvolle Tipps und Feedback geben können, da sie die Produkte oft häufiger nutzen als die Unternehmer selbst (siehe auch Kapitel 1, Abschnitt II). Solche Veränderungen können Produktinnovationen, -verbesserungen und -differenzierungen sein.

Innovation	**Verbesserung**	**Differenzierung bzw. Variationen**
Hier werden für den Markt Produkte entwickelt, die vollkommen neuartig sind. Eine Innovation ist mit hohem Risiko verbunden. Daher ist im Vorfeld ein aufwendiger Produktplanungsprozess notwendig. Allerdings sind mit einer Innovation auch große wirtschaftliche Erfolge zu verzeichnen, wie z.B. bei der Einführung des iPhone.	Hier werden bereits auf dem Markt vorhandene Produkte durch eine verbesserte Variante ersetzt. Es werden einige Leistungsmerkmale überarbeitet wie z.B. verlängerte Garantiezeit, Verpackungsänderungen usw. Bei sog. Modellpflegemaßnahmen der Automobilhersteller handelt es sich um Produktverbesserungen.	Hier werden zusätzliche Produktvarianten entwickelt, die die bisherigen Produkte im Markt ergänzen z.B. kleinere Verpackungseinheiten, exklusivere Produktausstattung usw. Bei der Einführung z.B. der 4er Baureihe bei der BMW AG handelte es sich um eine Produktdifferenzierung bzw. Variation.

Weiterentwicklung des Produktprogramms

Eine laufende Weiterentwicklung des Produktangebots ist meist ausschlaggebend für den langfristigen Unternehmenserfolg. Daher sollten Sie dem Neuproduktplanungsprozess hohe Aufmerksamkeit im Unternehmen schenken und ihn systematisch fortschreiben.

1. Schritt 1: Ideensammlung

Bei der Ideenfindung können verschiedene Verfahren angewendet werden. Anregungen für Verbesserungen bekommt man durch interne und externe Unternehmensquellen.

Externe Unternehmensquellen	**Interne Unternehmensquellen**
▪ Veröffentlichungen	▪ Kundendienstberichte
▪ Kunden-, Expertenbefragungen	▪ Kundenanfragen
▪ Konkurrenzbeobachtung	▪ Kundenbeschwerden
▪ Veröffentlichungen in Fachzeitschriften	▪ Vorschläge der Mitarbeiter bzw. der verschiedenen Abteilungen
▪ Marketing- und Innovationsberater	▪ Befragung der Außendienstmitarbeiter

Ideensammlung

Wenn Sie erste Anregungen und Ideen gesammelt haben, können Sie diese durch intuitive und diskursive Verfahren erweitern. Im Folgenden wird auf diese Verfahren näher eingegangen.

a) Intuitive (spontan-kreative) Verfahren

(vgl. Bruhn, Marketing, S. 132 f.)

- **Brainstorming:** Eine Gruppe von Mitarbeitern, am besten aus unterschiedlichen Abteilungen, entwickelt spontane Ideen zu einer vorgegebenen Problemstellung. Wichtig ist dabei, dass die Vorschläge verbessert und mit anderen Ideen kombiniert werden können, jedoch keine Bewertung oder gar Kritik an einzelnen Ideen erfolgen darf. Denn die Kreativität soll nicht durch Diskussionen eingeschränkt werden. Im Vordergrund steht hier zunächst die Quantität der Vorschläge. Diese werden protokolliert und später ausgewertet.
- **Brainwriting:** Dieses Verfahren ist dem Brainstorming ähnlich, aber aufgrund der zunächst rein schriftlichen Äußerung der Ideen wird die Gefahr einer Kritik an ihnen durch die Gruppe noch geringer als beim Brainstorming. Wenn Ideen weiterentwickelt werden sollen, ist ein Weitergeben der eigenen Idee an das nächste Mitglied in der Runde möglich, das dann versucht, die vorliegende Idee entsprechend weiterzuentwickeln.
- **Synektik:** Hier werden unternehmensinterne sowie externe Personen aus möglichst unterschiedlichen Bereichen mit einer Problemstellung vertraut gemacht. Den Teilnehmern wird die Aufgabe gestellt, die Problemstellung zu verfremden, d.h. diese auf andere Bereiche zu übertragen, in denen ähnliche Probleme vorliegen. Daraus entstehen oft Produktideen, die eher ungewöhnlich sind und daher einen höheren Innovationsgrad haben.
- **Visuelle Konfrontation:** Nach der Einführung in das vorhandene Problem werden die Mitarbeiter mit Bildern konfrontiert. Durch die Beschreibung der wahrgenommenen Einzelelemente und die Diskussion in der Runde entstehen neue Assoziationen für Problemlösungen.

b) Diskursive (systematisch-analytische) Verfahren

(vgl. Bruhn, Marketing, S. 135 ff.)

- **Modifizierung/Checklisten:** Es werden spezielle Frage- bzw. Attributslisten vorgegeben, die als Anregung für Produktveränderungen dienen. Fragen wären beispielsweise: Lassen sich unsere Produkte an alte und junge Kunden verkaufen? Gibt es andere Verwendungsmöglichkeiten? Kann unser Produktangebot mit anderen Produkten kombiniert werden? Lässt sich die Technologie anpassen? Wo liegt das größte Optimierungspotenzial? Aus diesen gezielten Fragen sind dann gezielt Ideen zu entwickeln.
- **Funktionsanalysen:** Es werden diejenigen Funktionen beschrieben, die die Produkte bereits erfüllen. Wenn diese unterschiedlichen Funktionen untereinander kombiniert werden, entstehen im Idealfall Anregungen für neue Produkte bzw. Angebote. Ein Friseur bietet z.B. Haarschnitt, Kosmetik und Massage an. Durch die Kombination der Funktionen z.B. gute Frisur, Gesichtspflege und dem Körper was Gutes tun – entwickelt sich die neue Produktidee wie z.B. das „Ganzkörper-Wohlfühlpaket".
- **Progressive Abstraktion:** Bei dieser Methode werden durch die Entfernung vom Problem im Sinne einer Veränderung der Perspektive neue Lösungen gesucht und gefunden. Durch eine Erhöhung des Abstraktionsniveaus in kleinen Schritten und somit Trennung des Wesentlichen vom Unwesentlichen werden die Kernfragen eines Problems aufgedeckt.

2. Schritt 2: Grobauswahl

Mit einem Punktbewertungsverfahren können die vorgebrachten Ideen zunächst durch eine Grobauswahl anhand systematisch erarbeiteter Beurteilungskriterien reduziert werden. Der Ablauf eines Punktbewertungsverfahrens sieht folgendermaßen aus:

1. Festlegung der Beurteilungskriterien, die das Unternehmen zur Entscheidungsfindung heranziehen möchte. Diese Kriterien sollten überschneidungsfrei sein.
2. Festlegung der Gewichtungsfaktoren, damit die unterschiedliche Bedeutung der einzelnen Beurteilungskriterien berücksichtigt werden kann. Die Gewichtungsfaktoren werden mit den jeweils zuständigen Personen aus der Abteilung festgelegt.

3. Vergabe von Punkten für die einzelnen Produktideen
4. Multiplikation der Punktwerte pro Kriterium für die einzelnen Ideen mit dem jeweiligen Gewichtungsfaktor und einer Addition der daraus resultierenden gewichteten Punktwerte. Die Produktideen mit den höchsten Summen der Punktwerte werden weiterverfolgt. Es kann entschieden werden, ab welcher Mindestpunktzahl die Produktideen aufgenommen werden.

Im Folgenden ist die Bewertung (vgl. Bruhn, Marketing, S. 136) dargestellt.

Produktidee Nr.________________			
Beurteilungskriterien	**Gewichtung in %**	**Punkte 1–10**	**Gewichtete Punkte**
Unternehmensbezogene Kriterien ▪ Technisch realisierbar ▪ Investitionsvolumen			
Kundenbezogene Kriterien ▪ Kundennutzen vorhanden ▪ Erschließung neuer Kundenschichten			
Handelsbezogene Kriterien ▪ Zusätzliche Handelsprofilierung ▪ Kooperationsbereitschaft des Handels			
Konkurrenzbezogene Kriterien ▪ Erlangung von Wettbewerbsvorteilen ▪ Nachahmungsgefahr der Konkurrenz			
Summe der gewichteten Punktwerte	**100 %**		**Gewichtete Punkte**

Punktbewertungsverfahren zur Beurteilung von Produktideen

3. Schritt 3: Entwicklung von Konzepten/Kontrolle

Die Entwicklung eines Produktkonzepts ist empfehlenswert, insbesondere bezogen auf die angestrebte Positionierung. Bei der Konzeption ist es wichtig, systematisch vorzugehen, um eine hohe Produktqualität garantieren zu können. Halten Sie deshalb schriftlich fest, welchen Anforderungen das Produkt entsprechen soll und wie diese realisiert wurden. Denken Sie auch an den Dienstleistungsbereich, indem Sie eine Auflistung einzelner Ablaufschritte bzw. eine Zerlegung der Dienstleistung in unterschiedliche Phasen vornehmen.

Beispiel: Produktkonzept des Fitnessstudios Fit&Fair

Eine Produktbeschreibung kann bei einem Fitnessstudio, das sich dazu entschließt, Kurse anzubieten und Trainingszubehör (z.B. Trinkflaschen, Kurzhanteln, Trainingshandschuhe, Handtücher usw.) zu verkaufen, folgendermaßen aussehen:

- **Verwendungszweck:** für einen gesunden und starken Körper
- **Produktvorteile:** die Angebote ergänzen sich gegenseitig
- **Zielkunden:** Männer und Frauen, hauptsächlich im Alter zwischen 18 und 50 Jahren, die fit bleiben und ihrem Körper etwas Gutes tun wollen
- **Produktpositionierung:** gesund, belebend, fit

4. Schritt 4: Feinauswahl

Bei der Feinauswahl werden die Produktkonzepte ausgewählt, die weiterentwickelt werden. Dazu kann z.B. die Break-even-Analyse (auch Gewinnschwellenanalyse genannt) eingesetzt werden, um festzustellen, inwiefern die einzelnen Produktkonzepte zur Erreichung finanzwirtschaftlicher Ziele (Absatz, Umsatz, Gewinn, Deckungsbeitrag) beitragen.

a) Break-even-Analyse (Gewinnschwellenanalyse)

Mit der Break-even-Analyse kann jene Absatzmenge ermittelt werden, bei der ein Anbieter all seine Kosten gedeckt bekommt, aber noch keinen Gewinn erwirtschaftet hat. Die Break-even-Analyse basiert auf der Überlegung, dass die Gewinnschwelle dann erreicht ist, wenn die Kosten gleich hoch wie die Umsatzerlöse (beides netto) sind. Die Ermittlung des Break-even-Points (BEP) ist vor allem deshalb von großer Bedeutung, weil viele unternehmerische Entscheidungen mit hohen Folgekosten verbunden sind, z.B. Investitionen in Kapazitätserweiterungen, Einstellung neuer Mitarbeiter usw. Deshalb muss geklärt werden, ob die prognostizierten Folgekosten durch den zu erwartenden Erfolg dieser Maßnahmen gedeckt sind. Es geht also darum, die Frage zu klären, ob das Verhältnis von Nutzen zu Aufwand durch eine Neuproduktentwicklung tatsächlich verbessert wird oder zumindest gleich bleibt.

Die kritische Absatzmenge, bei der die Gewinnschwelle erreicht wird, liegt in dem Punkt, in dem der Stückdeckungsbeitrag (= Preis – variable Kosten) den fixen Kosten entspricht.

Begriffe im Zusammenhang mit der Deckungsbeitragsrechnung	
Fixe Kosten = bereitschaftsabhängige Kosten	Kosten, die in ihrer Höhe unabhängig von der produzierten bzw. verkauften Menge in konstanter Höhe anfallen (z.B. Büromiete, Versicherungen)
Variable Kosten = leistungsabhängige Kosten	Kosten, die sich abhängig von der produzierten bzw. verkauften Menge ändern
Teilkostenrechnung	Bei der Teilkostenrechnung werden den Umsatzerlösen jeweils nur bestimmte Teile der insgesamt anfallenden Kosten gegenübergestellt. Beispiel: Umsatzerlöse – variable Kosten = Deckungsbeitrag I Deckungsbeitrag I – fixe Kosten = Deckungsbeitrag II
Preis	Verkaufspreis netto
Stückdeckungsbeitrag	Differenz aus Preis und variablen Kosten
Deckungsbeitrag	Teil des Umsatzes, der nach Abzug der variablen Kosten verbleibt. Ein positiver Deckungsbeitrag wird zur Deckung der fixen Kosten verwendet, die im Rahmen der Produktion oder Leistungserstellung angefallen sind. Der Gewinn bleibt nach Abzug aller Kosten übrig.

Formeln zur Berechnung des Break-even-Points:

$$\text{Fixe Kosten} + \text{variable Kosten} \times \text{Stückzahl} = \text{Preis} \times \text{Stückzahl}$$

$$\text{Gewinnschwelle (Stück)} = \frac{\text{Fixe Kosten}}{(\text{Preis} - \text{variable Kosten})}$$

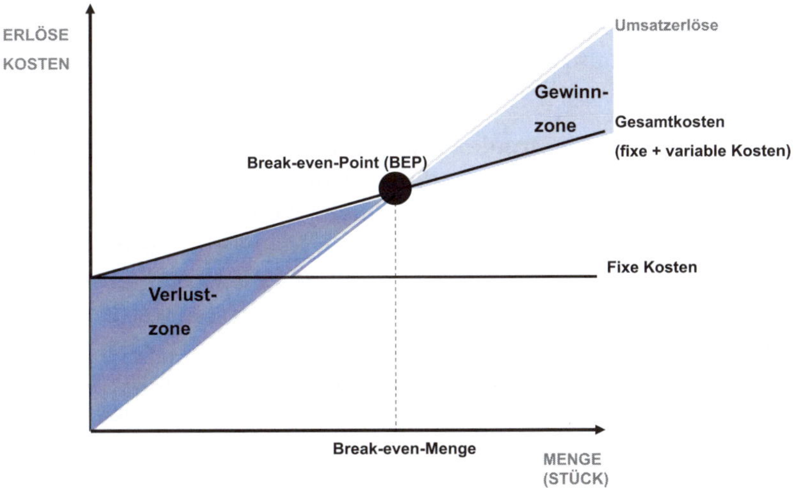

Abb. 25: Break-even-Analyse

Beispiel: Wie viel Packungen Proteinpulver müssen im Fitnessstudio verkauft werden?

Der Studioleiter und die Mitarbeiter des Fitnessstudios Fit&Fair verkaufen für einen verbesserten Muskelaufbau pro Jahr ca. 9.000 Packungen Proteinpulver. Die fixen Kosten dafür belaufen sich auf 7.000 EUR im Jahr. Im Fitnessstudio kostet der 1-kg-Beutel 20,83 EUR. Der Einkaufspreis liegt bei 10,50 EUR. Der Stückdeckungsbeitrag beträgt 7,00 EUR, also Verkaufspreis 17,50 EUR (netto) minus Einkaufspreis 10,50 EUR.

Wie viele Packungen Proteinpulver muss das Fitnessstudio verkaufen, damit die Gewinnschwelle erreicht wird und die fixen Kosten gedeckt sind?

$$\text{BEP} = \frac{7.000 \text{ EUR}}{7 \text{ EUR}} = 1.000 \text{ Stück}$$

Wenn das Fitnessstudio mindestens 1.000 Packungen im Jahr verkauft, sind die fixen Kosten gedeckt.

Der Vorteil der Break-even-Analyse liegt in ihren vielen Variationsmöglichkeiten abhängig von der zugrunde liegenden Fragestellung. Wenn sich eine Variable ändert, ergeben sich Erlössteigerungen bzw. -senkungen und/oder Kostensenkungen bzw. -erhöhungen:

- **Verschiebung des Break-even-Points durch Preisänderung:** Mithilfe der Break-even-Rechnung können die Auswirkungen von Preisaktionen errechnet werden. Bei einer im Markt durchsetzbaren Preiserhöhung interessiert der Rückgang der Menge, der bei Aufrechterhaltung des Gewinnziels möglich ist.
- **Verschiebung des Break-even-Points durch Änderung der variablen Kosten:** Wenn z.B. die variablen Kosten eines Produkts durch die Auswahl einer aufwendigen Verpackung erhöht werden, so kann mithilfe der Break-even-Analyse die erforderliche Absatzmenge errechnet werden. Der Break-even-Point schiebt sich nach rechts, was bedeutet, dass mehr abgesetzt werden muss, um Gewinn zu erzielen. Analog dazu gilt bei der Reduzierung der variablen Kosten z.B. durch Verringerung des Rohstoffanteils bei Aufrechterhaltung der Produktqualität eine Verschiebung des Break-even-Points nach links, d.h. es muss weniger abgesetzt werden, um den Break-even-Point zu erreichen.

Natürlich können auch an den fixen Kosten Veränderungen vorgenommen werden, die sich auf den Break-even-Point auswirken. Die Break-even-Analyse gibt Aufschluss über die jeweils notwendige Mindestabsatzmenge, die in jedem Fall realisiert werden muss, um Gewinn zu erzielen.

✔

Checkliste: Break-even-Analyse	Antwort
Wie beeinflussen die Veränderung ☐ *der variablen Stückkosten,* ☐ *des Absatzpreises,* ☐ *der fixen Kosten und* ☐ *des Mindestertrags* *die Break-even-Menge?*	

Checkliste: Break-even-Analyse	Antwort
☐ *Welche Absatzsteigerung ist erforderlich, um trotz Erhöhung der Fixkosten infolge zusätzlicher Werbemaßnahmen das Erfolgsniveau zu halten?*	
☐ *Welche Absatzmenge ist erforderlich, um wenigstens Teile der Fixkosten zu decken?*	
☐ *Wie verändert sich die Break-even-Menge, wenn man ein anderes Produktionsverfahren einführt, das mit niedrigeren variablen Stückkosten, aber höheren Fixkosten verbunden ist?*	

Die Feinauswahl erfolgt anhand folgender Kriterien:

- **Umsatzprognose:** Für eine Umsatzprognose sind entsprechend zu erwartende Umsatzverläufe abzuschätzen. Hierbei kann der branchentypische Umsatzverlauf oftmals ein Anhaltspunkt sein. Auch geben Erst- und Probekäufe sowie Wiederkaufraten der Kunden im zeitlichen Verlauf Aufschluss über die Akzeptanz des neuen Produkts oder der Produktverbesserung.

- **Kostenschätzung:** Die anfallenden Kosten sind in den Bereichen Forschung und Entwicklung (F&E), Produktion, Marketing, Vertrieb und Verwaltung abzuschätzen. Hilfreich ist dabei häufig, Erfahrungswerte aus dem Rechnungswesen für die Kostenkalkulation zu verwenden.

- **Risiko:** Insbesondere die Abschätzung der Preisentwicklung sowie der Handels- und Konkurrenzreaktion ist mit erheblichen Risiken verbunden. Deshalb ist es erforderlich, Kosten- und Umsatzwerte nach unterschiedlichen Gesichtspunkten zu ermitteln. Wenn z.B. die Konkurrenz das gleiche Produkt anbietet, müssen Sie überlegen, inwiefern Ihrem Unternehmen daraus Umsatzeinbußen entstehen bzw. Ihnen Kunden abgeworben werden können.

Ist die Wirtschaftlichkeitsanalyse positiv ausgefallen, wird das Produktkonzept weiterentwickelt bzw. verfeinert und sämtliche Merkmale wie Qualität, Design, Markenname und Verpackung werden festgelegt.

5. Schritt 5: Einführung

In der Phase der Produkt(neu)einführung sind ebenfalls Maßnahmen zu planen. Damit sich das Neuprodukt auf dem Markt durchsetzen kann, sind noch weitere Aktivitäten nötig (vgl. Bruhn, Marketing, S. 131 ff.). In der Entwicklung, in der Produktionsabteilung und innerhalb des Marketings muss das Marketingmanagement die verschiedenen Stellen sachlich und zeitlich koordinieren. Dies gilt z.B. für die Markenpolitik (rechtzeitiger Schutz des Markennamens), die Werbung (frühzeitige Buchung von Werbezeiten und -flächen), den Vertrieb (Information und Schulung der Außendienstmitarbeiter) und den Kundendienst (Sicherung der Ersatzteilversorgung). Im Dienstleistungsbereich ist zudem den durch das Angebot einer neuen Leistung erweiterten Anforderungen an die Mitarbeiterqualifikation mittels Schulungen Rechnung zu tragen.

Beispiel: Welche Fahrräder sind gefragt?

Der Fahrradhersteller „Gib Gummi" stellt Fahrräder – Rennräder, Citybikes und Mountainbikes – in unterschiedlichen Ausführungen her. Die Dopingfälle insbesondere bei der Tour de France haben das Kaufverhalten der Kunden im Rennradbereich beeinträchtigt. Aus diesem Grund stehen hier nur kleine Verbesserungen an, da die Abnehmerquote rückläufig ist. Die Linie Citybikes läuft stabil mit einem Aufwärtstrend – besonders in den Städten – wegen ihrer vielseitigen Einsatzmöglichkeiten. Der Hersteller will hier mit Differenzierung trumpfen. Auch die Mountainbikeszene ist weiter stärker im Kommen. Besonders Downhill-Strecken werden neu entdeckt, wodurch die Schläuche sehr in Anspruch genommen und neue Anforderungen an das Fahrrad gestellt werden. Innovation ist in diesem Segment daher vonnöten, da der Markt neue verbesserte Materialien erwartet.

Strategische Entscheidungen des Fahrradherstellers „Gib Gummi" wurden mitunter durch Auswertung der Marktforschungsdaten, Produktlebenszyklusanalyse, Portfolioanalyse und der SWOT-Analyse gefällt (Entscheidung Produktplanung). Im nächsten Schritt geht es darum, die Planung der Produktveränderungen in Angriff zu nehmen. In mehreren Meetings der Abteilungen Forschung und Entwicklung (F&E), Marketing, Produktion, Geschäftsleitung, Kundendienst und Verkauf wurden Ideenvorschläge dafür gesammelt (Ideensammlung).

Ideensammlung		
Rennräder	**Citybikes**	**Mountainbikes**
▪ Noch leichteres Modell ▪ Wartungsservice-Angebot nach einem Jahr ▪ Überarbeitung der Griffigkeit bei den Gangschaltungen	▪ Leicht wechselbare Fahrradschlauchprofile für Sommer und Winter ▪ Eingebaute Fahrradschlösser mit extra leichter und somit schnellerer Handhabung	▪ An Downhill-Strecken Automaten mit Schläuchen ▪ Modell „Down Hill" mit extra Bügeln zur Beförderung an Skiliften ▪ Kooperationsabkommen mit Liftbetreibern, d.h. bei Kauf eines Downhill-Bikes gibt es Ermäßigungen bei den Liften

Mithilfe eines Punktbewertungsverfahrens sortiert „Gib Gummi" die Ideen nach ihrer Bedeutung für das Unternehmen und der Realisierbarkeit der Idee. So hat z.B. die Abteilung, die für die technische Realisierung bei Mountainbikes zuständig ist, geschätzt, dass diese Abteilung 10 Prozent des Gesamtaufwands verursacht. Im weiteren Verfahren wurden Punkte von 1 bis 10 für die einzelnen Beurteilungskriterien vergeben. Die Bewertungen wurden individuell vorgenommen, um anschließend unterschiedliche Meinungen und Einschätzungen über die Produktideen darzulegen und in der Gruppe zu erörtern. In diesem Fall hat die Produktidee Nr. 2 im Bereich Mountainbikes mit 635 Punkten die höchste gewichtete Punktzahl erreicht (Grobauswahl).

Produktidee Nr. 2: „Down Hill“ mit extra Bügeln zur Beförderung an Skiliften			
Beurteilungskriterien	**Gewichtung [%]**	**Punkte 1 bis 10**	**Gewichtete Punktzahl**
Unternehmensbezogene Kriterien			
▪ Technisch realisierbar	10	5	50
▪ Investitionsvolumen	15	4	60
Kundenbezogene Kriterien			
▪ Kundennutzen vorhanden	15	5	75
▪ Erschließung neuer Kundenschichten	30	9	270
Handelsbezogene Kriterien	5	2	10
▪ Zusätzliche Handelsprofilierung			
▪ Kooperationsbereitschaft des Handels	5	3	15
Konkurrenzbezogene Kriterien			
▪ Erlangung von Wettbewerbsvorteilen	15	8	120
▪ Nachahmungsgefahr der Konkurrenz	5	7	35
Summe der gewichteten Punktwerte	**100**		**635**

Des Weiteren hat das Unternehmen definiert, für welche Kundensegmente das Produkt gedacht ist und welche Vorteile, welchen Verwendungszweck und welche Positionierung es haben soll (Produktkonzept).

- Kundensegment: Mountainbiker, die Downhill fahren
- Verwendungszweck: für Downhill-Strecken
- Produktvorteile: für Skilifte geeignet, da Bügelvorrichtung
- Produktpositionierung: schnell, handlich, sportlich

Als letzten Schritt, bevor das neue Downhill-Modell in Produktion gehen kann, wird noch überprüft, ob dieses Produktkonzept letztendlich am Markt überhaupt erfolgreich sein kann. Dafür wurde die folgende Planung entwickelt:

Angaben in Mio. EUR	**Periode 0**	**Periode 1**	**Periode 2**	**Periode 3**
Umsatzerlöse	0,0	2,0	4,0	5,0
– Variable Herstellkosten (25 %)	0,0	0,5	1,0	1,25
Deckungsbeitrag I	0,0	1,5	3,0	3,75
– Variable Marketingkosten	0,0	0,5	0,7	0,9
Deckungsbeitrag II	0,0	1,0	2,3	2,85
– Fixe Kosten	0,0	0,2	0,4	0,5
Deckungsbeitrag III	0,0	0,8	1,9	2,35
– F&E Kosten	1,0	0,0	0,0	0,0
Marketing Fixkosten	0,0	1,0	1,0	1,0
Nettoergebnis	–1,0	–0,2	0,9	1,35

Das Thema „(Neu-)Produkte planen" ist das „Herzstück" eines Marketingplans. Es ist insbesondere auch deshalb ein wichtiger Aspekt, weil Neuproduktentwicklungen, die in die falsche Richtung gehen, das Unternehmen enorm viel Geld kosten und hohen Schaden im Markt verursachen können. An dieser Stelle, z.B. bei der Breakeven-Analyse, kann das Unternehmen auch seine Zahlenkompetenz unter Beweis stellen. In der folgenden Checkliste sind die wichtigsten Aspekte zusammengefasst:

Checkliste: Produkt- und Leistungsportfolio	**Antwort**
☐ *Worin besteht der innovative Charakter Ihres Leistungs- und Produktportfolios?*	
☐ *Wie sieht der aktuelle Stand der Technik aus?*	
☐ *Wie beurteilen die Kunden die Qualität Ihrer Produkte und Dienstleistungen?*	
☐ *Welche Garantie- und Servicepolitik verfolgen Sie?*	
☐ *Durch welche Merkmale erringt Ihr Produkt oder Ihre Dienstleistung eine Alleinstellung?*	

Checkliste: Produkt- und Leistungsportfolio	Antwort
☐ *Sind Partnerschaften oder zusätzliche Dienstleistungen erforderlich, um das Produkt und die Dienstleistung voll zur Geltung zu bringen?*	
☐ *Welche gesetzlichen Vorschriften, Normen oder Standards sind zu erfüllen?*	
☐ *Wie ist die Patent- bzw. Schutzrechtsituation?*	
☐ *In welchem Entwicklungsstadium befinden sich die Produkte?*	
☐ *Welche weiteren Entwicklungsschritte sind geplant?*	
☐ *Welche Ressourcen sind für eine Weiterentwicklung vorhanden?*	
☐ *In welchen Bereichen liegen Entwicklungsrisiken und wie begegnen Sie diesen?*	

IV. Das Sortiment entwickeln

Als Sortiment bezeichnet man das Gesamtangebot aller Produkte und Dienstleistungen, die ein Unternehmen ausgewählt und zusammengestellt hat und seinen Kunden anbietet. In der Sortimentspolitik beschreibt die Sortimentstiefe die Varianten eines Produkts innerhalb einer Warengruppe. Ein tiefes Sortiment bedeutet demnach eine große Variation an Produkten derselben Gruppe. Eine auf E-Bikes spezialisierte Werkstatt bietet ein wesentlich tieferes Sortiment an E-Bikes und Zubehör als ein Sportfachgeschäft an. Die Sortimentsbreite hängt von der Anzahl der Produktgruppen ab, die ein Unternehmen anbietet. Ein Sportfachgeschäft hat z.B. mit Fahrradbekleidung, Mountainbikes, Rennrädern, Citybikes, E-Bikes und Kinderrädern usw. ein breiteres Sortiment als die E-Bike-Werkstatt, die sich auf den Verkauf und die Reparatur von E-Bikes konzentriert.

Zu Beginn sollten Sie die Sortimentsziele Ihres Unternehmens festlegen. Bedenken Sie dabei externe und interne Einflussfaktoren, die auf Ihr Unternehmen wirken. Externe Einflussfaktoren wären z.B. die Standortwahl, das vorhandene Marktvolumen am jeweiligen Standort, das Nachfragepotenzial und die Konkurrenz. Interne Einflussfaktoren könnten hingegen die Verkaufsfläche, das verfügbare Personal und das verfügbare Kapital eines Unternehmens sein.

Beispiel: Sortimentserweiterung

Die Bevölkerung wird zunehmend älter. Aus diesem Grund rechnet Fahrradhersteller „Gib Gummi“ verstärkt mit einer Nachfrage der älteren Bevölkerungsgruppe und erweitert sein Sortiments- und Serviceangebot für diese Kunden. Er bietet nun verstärkt Fahrräder mit tiefer Stange für leichtes Auf- und Absteigen, Gelsattel für einen besonders bequemen Sitz und Elektroräder an. Mit dieser Sortimentserweiterung ist er bestens auf die Nachfragesituation vorbereitet, die sowohl jüngere als auch ältere Menschen begeistert.

Die Artikel eines Sortiments werden in folgende Gruppen aufgeteilt:

- Hot Items (beliebte Produkte, z.B. Saisonartikel)
- Standard Items (Basissortiment, Kernsortiment)
- Long Tail (Randsortiment bzw. Nischenprodukte)

Diese Aufteilung erfolgt, um die Verteilung der Umsätze und Deckungsbeiträge auf die verschiedenen Teile im Sortiment analysieren zu können. Mit welchen Produktgruppen die höchsten Gewinne bzw. Deckungsbeiträge erzielt werden und mit welchen Sortimentsteilen die höchsten Umsätze, ist wichtig für die Sortimentsplanung, da oft gerade mit Nischenprodukten hohe Deckungsbeiträge erzielt werden können (z.B. Zubehör von Fahrrädern). Mit dem Kernsortiment wird der Hauptumsatz des Unternehmens gemacht. Diese Produkte bestimmen die Stellung des Unternehmens in der Branche. Das Randsortiment spielt keine große Rolle für den Gesamtumsatz, dient jedoch dazu, den Kundenservice zu verbessern und sich ein Alleinstellungsmerkmal zu sichern. Diese Produkte runden das Basissortiment ab und vervollständigen das Gesamtsortiment. Die sogenannten „Hot Items“ sind die beliebtesten Produkte Ihrer Kunden. Dies sind meist Saisonartikel, d.h. Produkte, die nicht das ganze Jahr über gebraucht bzw. nachgefragt werden.

Eine Kontrolle des Sortiments sollte regelmäßig erfolgen, um bei auftretenden Veränderungen die Marktanforderungen optimal zu erfüllen. Wird bei einer Sortimentskontrolle festgestellt, dass ein oder mehrere Produkte nicht mehr optimal laufen, d.h. beispielsweise weniger Gewinn erzielen als im Vorjahr, ist eine Sortimentsanpassung zu prüfen. Mögliche Gründe für eine notwendige Sortimentsänderung können z.B.

- eine Sättigung des Markts,
- neue Produktentwicklungen,
- Veränderung der Kundenansprüche,
- veränderte Angebote der Mitbewerber,
- saisonale Einflüsse und
- die immer älter werdende Bevölkerung

sein.

V. Aus der Masse herausragen: Alleinstellungsmerkmale (USP)

Zur Erzielung von Wettbewerbsvorteilen ist es unerlässlich, dass das Unternehmen Alleinstellungsmerkmale, also eine Einzigartigkeit gegenüber Mitbewerbern besitzt, d.h. in für den Kunden wichtigen Punkten bietet das Unternehmen bessere oder andere Produkte und Dienstleistungen als die um die Kundengunst konkurrierenden Mitbewerber – Beispiel: Porsche. Der Fachbegriff, der die Alleinstellungsmerkmale von Produkten oder Dienstleistungen eines Unternehmens gegenüber anderen Anbietern beschreibt, heißt „Unique Selling Proposition“ (= USP, auf Deutsch: Alleinstellungsmerkmal).

Beispiel: Alleinstellungsmerkmal (USP) in der Physiotherapiepraxis

In der Praxis Immerwohl ist ein Alleinstellungsmerkmal die Therapiemöglichkeit zu Hause. Durch die neuartige Online-Terminplanung können Kunden ganz einfach online einen Termin vereinbaren, an dem ein qualifizierter Physiotherapeut zu ihnen nach Hause kommt. So kann die Praxis jederzeit individuell auf jeden Kunden eingehen, Massagen und Therapien bei den Kunden vor Ort durchführen. Ein weiterer USP ist die moderne Taping-Methode, die die Physiotherapiepraxis anbietet.

Ein Alleinstellungsmerkmal beschreibt also eine unter marktwirtschaftlichen Gesichtspunkten herausragende Eigenschaft eines Produkts oder einer Dienstleistung, wodurch das Unternehmen gegenüber der Konkurrenz einen Wettbewerbsvorteil hat und für den Kunden an dieser Stelle einzigartig ist.

6. Kapitel

So schaffen Sie ein attraktives Preis-Leistungs-Verhältnis

6

Sechstes Gebot: Attraktives Preis-Leistungs-Verhältnis
Finden Sie einen angemessenen Preis für Ihr Produkt und begeistern Sie Ihre Kunden durch guten Service.

i

I. Preisstrategien

In einem Unternehmen geht es im Rahmen der Preispolitik zunächst darum, Preisstrukturen und -gefüge für zusammenhängende Gesamtangebote zu ermitteln. Preisstrukturen können sich im Lauf der Zeit aufgrund steigender Rohstoffpreise (z.B. Kakao) verändern. Veränderungen der Kosten- und der Nachfragesituation sowie der Kundenwünsche sind bei der Preisbildung laufend zu beobachten und zu berücksichtigen. Das bedeutet für Ihr Unternehmen, die Preise der Produkte regelmäßig zu prüfen und ggf. auf Veränderungen der Kundenwünsche einzugehen. Überprüfen Sie, welche Preisstrategien Sie in Ihrem Unternehmen anwenden, bzw. entwickeln Sie welche, wenn Sie bisher keine haben. Im Folgenden werden Ihnen verschiedene Preisstrategien vorgestellt:

1. Strategien der Preispositionierung

Eine der ersten Entscheidungen der Preispolitik bezieht sich auf die Höhe des Preises. Besonders bei Produktneueinführungen ist diese besonders sorgfältig zu planen. Wie soll das Produkt in Bezug auf Preis und Qualität positioniert werden?

- Exklusivstrategie: Sie bieten ein Produkt höchster Qualität zu einem hohen Preis an. Realisieren lässt sich das durch besondere Leistungsvorteile für die Kunden.
- Sparstrategie: Sie machen bei der Produktqualität Abstriche und setzen konsequent eine Tiefpreisstrategie ein.
- Qualität-preiswert-Strategie: Sie greifen mit einem neuen Produkt, das einen niedrigen Preis bei guter Qualität bietet, die Position des Exklusivanbieters an. Wenn die Aussage „Qualität preiswert" wirklich zutrifft, werden auch qualitätsbewusste Käufer immer wieder ihren Bedarf bei Ihnen decken und Geld sparen, es sei denn, ein teureres Exklusivprodukt bietet mehr Status.
- Überhöhte-Preis-Strategie: Sie erzielen in gewissen Engpasssituationen Gewinne, z.B. in Fremdenverkehrsorten in der Hochsaison. Dieses Vorgehen wird auf den regulären Märkten sehr schnell durchschaut und die Kunden fühlen sich „hintergangen" und werden ihre schlechten Erfahrungen weitererzählen. Diese Strategie sollten Sie dann vermeiden.

2. Strategien der Preisabfolge

- Penetrationsstrategie: Mit einem niedrigen Einführungspreis können Sie einen neuen Markt schnell erschließen. Wenn genug Kunden aufmerksam gemacht und entsprechend Umsätze realisiert wurden, können Sie den Preis erhöhen. Durch den in der Anfangsphase geringen Preis werden potenzielle Wettbewerber eher davon abgehalten, in diesen Markt einzusteigen. Ferner sind Kostensenkungspotenziale durch Mengeneffekte schnell realisierbar.
- Skimming-Strategie: Mit einem hohen Einführungspreis können Sie hingegen schnell Gewinne abschöpfen. Dies empfiehlt sich besonders dann, wenn eine neuartige Technologie erheblich verbesserte Problemlösungen erwarten lässt. In einem solchen Fall lassen sich stets Abnehmer finden, die bereit sind, hohe Preisforderungen zu akzeptieren. Erst mit steigendem Absatz und damit Diffusion des Produkts in den Markt werden die Preise sukzessive fallen.

3. Weitere Strategien

Die Preisdifferenzierung setzt unterschiedliche Preise für gleiche oder ähnliche Leistungen an. So kostet z.B. eine Kinokarte für einen

Schüler weniger als für einen Erwachsenen. Die Preisdifferenzierung kann also durch unterschiedliche Kriterien erfolgen.

1. Zeitpunkt der Nachfrage: z.B. Urlaubsreisen: Vor-/Haupt-/Nachsaison

2. Verwendungszweck: z.B. privat oder geschäftlich

3. Menge: z.B. Dauerkarten, Gruppentarife

4. Soziale Stellung: z.B. Ermäßigung für Schüler, Studierende, Rentner

5. Bestellzeitpunkt: z.B. Last-minute-Flüge

6. Qualität des Angebots: z.B. 1./2. Klasse bei Bahnfahrten

Preisanpassungen können vorübergehend oder dauerhaft sein und gehen auf unterschiedliche Kaufsituationen und Unterschiede zwischen den Käufern ein. In der folgenden Übersicht sind gängige Preisanpassungsstrategien zusammengefasst (vgl. Kotler, Grundlagen des Marketings, S. 810).

Preisanpassungsstrategien	**Erklärungen**
Rabatte (Mengenrabatte, Skonto, Kauf außerhalb der Saison, Inzahlungnahme usw.)	Niedrige Preise kommen zur Anwendung, um ein bestimmtes Kundenverhalten, etwa sofortige Bezahlung, zu belohnen. Sie werden auch als Verkaufsförderungsmaßnahme eingesetzt.
Diskriminierende Preissetzung	Unterschiedliche Preise, um Unterschieden zwischen den Käufern oder zwischen den Märkten zu entsprechen
Psychologische Preissetzung	Preisabstimmung, um psychologische Effekte zu erreichen
Wert-Preis-Anpassung	Preisanpassung, um die richtige Kombination bei Qualität und Service zu einem fairen Preis anbieten zu können
Preissetzung für vorübergehende Sonderaktionen	Vorübergehende Preissenkungen als „Sonderangebote", um kurzfristige Absatzerhöhungen zu erreichen
Regional unterschiedliche Preissetzung	Unterschiedliche Preise für unterschiedliche Lieferorte, Differenzierung aus den unterschiedlichsten Gründen möglich

Damit Kunden Vertrauen in Ihr Angebot aufbauen können, ist es in der Regel notwendig, die festgesetzten Preise eine gewisse Zeit lang zu belassen. Dies ist möglich, wenn Ihr Leistungsangebot nicht gerade von Börsenpreisen abhängt (z.B. Ölhandel, Rohstoffe usw.). Dennoch gibt es Anlässe, bei denen Sie Ihre Preispolitik überdenken sollten:

- Neueinführungen/Innovation eines Produkts
- Herstellungs-/Bezugskosten verändern sich
- Änderungen der Unternehmensstrategie (z.B. vom Discounter zum Premiumhersteller)
- Eintritt in neue Märkte

Bepreisen Sie die Produktgruppen (vgl. Kapitel 5, Abschnitt IV zur Sortimentspolitik) Ihres Sortiments folgendermaßen:

- Hot Items (beliebte Produkte/Saisonartikel): wettbewerbsorientiert
- Standard Items (Basissortiment/Kernsortiment): Umsatz/Marge zählt
- Long Tail (Randsortiment/Nischenprodukte): heuristisch, anhand der Zielmarge

II. Preiselastizität und Preisschwellen

Die Preiselastizität der Nachfrage beschreibt das Verhältnis der Absatzveränderung eines Produkts und der sie auslösenden Veränderung des Preises desselben Produkts. Wenn der Preis eines Produkts geändert wird, kann die Nachfrage steigen, sinken oder gleich bleiben. Die Elastizität hängt demnach von der nachgefragten Menge in Bezug auf den Preis eines Produkts ab.

$$\text{Preiselastizität (PE)} = \frac{\left(\dfrac{\text{Menge vor Preisänderung} - \text{Menge nach Preisänderung}}{\text{Menge vor Preisänderung}}\right)}{\left(\dfrac{\text{alter Preis} - \text{neuer Preis}}{\text{alter Preis}}\right)}$$

Ist das Ergebnis

- < -1: elastische Nachfrage, d.h. der Preis hat großen Einfluss auf die Nachfrage eines Produkts. Es wird in gleichem Maße Kundschaft verloren, in dem der Preis angehoben wird. Steigen also die Preise, verzichten viele Menschen auf den Kauf dieses Produkts. Sinkt jedoch der Preis, steigt die Nachfrage (z.B. Konsumgüter).

- $-1 < PE < 0$: unelastische Nachfrage, d.h. der Preis hat kaum Einfluss auf die Nachfrage. Preiserhöhungen führen nur zu einem geringfügigen Rückgang und Preissenkungen führen nicht zu einer starken Zunahme der Nachfrage (z.B. Kraftstoffe).

- $= -1$: isoelastische Nachfrage, d.h. durch eine Preisänderung ändert sich die nachgefragte Menge genau in dem Umfang, dass das Ergebnis (Menge × Preis = Umsatz) konstant bleibt.

- > 0: anormal elastische Nachfrage. Ein höherer Preis bewirkt eine größere Nachfrage. Mit steigendem Preis wird eine zunehmende Exklusivität assoziiert. In diesem Fall kann der hohe Preis als Qualitätsmerkmal angesehen werden oder aber der Konsument schließt auf eine Verknappung des Produkts (limitierte Auflagen).

Beispiel: Preiselastizität

Im Fitnessstudio Fit&Fair wurden im Jahr 2014 6.000 Trinkflaschen zu einem Preis von 11 EUR verkauft. Im Jahr 2015 erhöhte der Geschäftsführer den Preis auf 12 EUR pro Flasche. Die Nachfrage ging zurück auf 5.500 Stück im Jahr.

Berechnung der Preiselastizität:

$$PE = \frac{\left(\frac{6000-5500}{6000}\right)}{\left(\frac{11-12}{11}\right)} \approx -0{,}91$$

Die PE ist > -1 und < 0. Das bedeutet, die Nachfrage ist unelastisch. Die Preisänderung bewirkt demnach nur einen geringen Nachfragerückgang und hat somit kaum Einfluss auf die verkaufte Menge.

Ein elastischer Markt reagiert selbst auf minimal geänderte Preise mit großen Veränderungen in der Nachfrage, wohingegen Preisänderungen in unelastischen Märkten kaum von Kunden bemerkt werden, sodass große Mengenreaktionen dort ausbleiben.

Eine niedrige Preiselastizität kann ganz unterschiedliche Gründe haben, z.B.

- fehlende Ausweichmöglichkeiten,
- hohe Kundenloyalität,
- höhere Wechselkosten oder
- geringes Preisinteresse.

In den meisten Fällen führt eine Preiserhöhung zu einem Nachfragerückgang. Sie müssen in Ihrem Unternehmen über die vorhandene Preiselastizität kalkulieren, ob Mehrerlöse durch höhere Preise den Absatzverlust kompensieren können. Die Kenntnis der Preiselastizität ist eine sehr wichtige Grundlage für jede Entscheidung der Preisbildung.

i Mit der Berechnung der Preiselastizität können Sie in Ihrem Unternehmen herausfinden, wie Ihre Kunden auf Preisänderungen reagieren. Wie stark können Sie den Preis anheben, ohne dass Sie Ihre Kunden an die Konkurrenz verlieren?

Bei einer Preisänderung darf die Preisschwelle nicht über-, aber auch nicht unterschritten werden. Wird ein Produkt unterhalb einer Preisschwelle angeboten, verbinden die Konsumenten dies manchmal mit „billigen" Produkten und schlechter Qualität. Ein zu hoher Preis hingegen kann zu einem Nachfragerückgang führen. Manchmal ist aber auch das Phänomen zu beobachten, dass ein Produkt mit höherem Preis sogar vermehrt gekauft wird (anormal elastische Nachfrage). Hat ein Produkt einen hohen Bekanntheitsgrad, sind Käufer meist bereit, mehr dafür zu bezahlen als für ein unbekanntes Produkt. Dieses Beispiel verdeutlicht, wie wichtig es ist, dass die Marketingmix-Elemente (product, price, place, promotion) eng aufeinander abgestimmt sind. Preisschwellen richten sich nach dem psychologischen Empfinden des Verbrauchers, d.h. es hängt davon ab, was er als teuer empfindet und was als angemessen. Preisschwellen werden nach Möglichkeit leicht unterschritten, um dem Konsumenten das Gefühl zu geben, zu einem günstigen Preis zu kaufen, oder aber stark überschritten.

Beispiel: Preisschwellen und psychologische Preise

Ein Kunde von Elektro Nick möchte einen Flachbildfernseher kaufen. Für den neuen Smart TV möchte er nicht mehr als 800 EUR ausgeben. Damit definiert er seine obere Preisschwelle, die nicht überschritten werden sollte. Findet dieser Kunde nun einen Smart TV für 350 EUR, wird er dies mit einer schlechten Qualität verbinden und diesen Fernseher nicht kaufen. Der Käufer hat Zweifel wegen des günstigen Preises. Damit gibt es also auch eine untere Preisschwelle, bei der potenzielle Kunden nicht bereit sind, ein Produkt zu kaufen.

Für Sie als Anbieter ist es also wichtig, die Preisschwellen zu kennen und entsprechende Strategien innerhalb Ihrer Preispolitik festzulegen.

III. Der richtige Preis für Ihr Angebot

Preise können zum einen durch die Kosten des Produkts/der Dienstleistung (kostenorientiert) und zum anderen durch den Markt (marktorientiert) bestimmt werden. Während bei den kostenorientierten Verfahren die Preise auf Basis von Kosteninformationen festgelegt werden, stellen marktorientierte Verfahren vor allem auf Reaktionen der Marktteilnehmer ab. Da alle Verfahren Vor- und Nachteile haben, lässt sich keine Vorgehensweise als generell optimal empfehlen. Die kosten- und marktorientierte Preisbildung schließen sich keineswegs gegenseitig aus, sondern ergänzen sich, sodass es oft notwendig ist, zur Herleitung des Preisangebots beide Verfahren anzuwenden und die finale Entscheidung der Preispolitik darauf aufbauend zu treffen.

Preise können in „gebrochenen" Zahlen (z.B. 9,99 EUR statt 10 EUR), in runden Preisen (z.B. 10 EUR) oder in glatten Beträgen (z.B. 9,90 EUR) angegeben werden. Die gebrochenen Preise sollen Verbraucher zum Kauf animieren, allerdings können sie das Produkt auch schnell „billig" wirken lassen. Achten Sie bei der Preisbildung darauf.

1. Kostenorientierte Preisbildung

Bei dem Verfahren der kostenorientierten Preisbildung stellt sich die Frage: Zu welchen Preis ist anzubieten, um den geplanten Gewinn im Unternehmen zu erwirtschaften?

Grundlage hierfür ist die Vollkostenrechnung, bei der Sie im Gegensatz zu der im vorausgegangenen Kapitel vorgestellten Teilkostenrechnung alle fixen und variablen Kosten berücksichtigen (vgl. Kapitel 5, Abschnitt II). Addieren Sie zu den vorkalkulierten (bzw. ermittelten) fixen und variablen Kosten eines Produkts einen prozentualen Gewinnaufschlag. Die Summe ergibt dann den Verkaufspreis:

$$\text{Verkaufspreis} = (\text{variable Kosten} + \text{anteilige fixe Kosten}) \times \left(\frac{1 + \text{Gewinnaufschlag}}{100}\right)$$

Die prozentualen Gewinnaufschläge lassen sich meist aus der jeweiligen Branchensituation, individueller Erfahrung oder der Praxis näherungsweise ableiten. Sie sind bei saisonalen, selten gekauften Produkten, bei Spezialerzeugnissen, Produkten mit hohen Lagerkosten, Produkten mit einem absolut niedrigen Preis und denen, die wenig nachfrageelastisch sind, in der Regel höher, um sich gegen das Risiko abzusichern, die Ware nicht verkaufen zu können. Produkte hingegen, bei denen die Verbraucher besonders preissensibel sind, haben meist niedrigere Gewinnaufschläge. Bestes Beispiel hierfür ist der niedrige Milch- und Eierpreis bei Discountern. Dort wird bewusst ein Verlust in Kauf genommen. Natürlich entstehen diese Preise aus einer Kombination der kosten- und marktorientierten Preisbildung.

Beispiel: Preiskalkulation auf Vollkostenbasis
(vgl. Beck et. al., Marketing, S. 368)

Das Elektronikfachgeschäft Elektro Nick will neue Wasserkocher in sein Sortiment aufnehmen.

Der Geschäftsinhaber will diese beim Hersteller erwerben und fragt dort den Preis an. Damit der Hersteller den Verkaufspreis ermitteln kann, benötigt er bestimmte Daten des Produkts. Die variablen Kosten für den Wasserkocher liegen bei 10 EUR pro Stück. Die fixen Kosten belaufen sich auf 200.000 EUR und es wird ein Absatz von 10.000 Stück erwartet. Der Gewinnzuschlag soll 100 % betragen.

Stückkosten = variable Kosten + anteilige Kosten
= 10 EUR/Stück + 20 EUR/Stück = 30 EUR/Stück

$$\textbf{Verkaufspreis} = \text{Stückkosten} \times \left(\frac{1 + \text{Gewinnzuschlag \%}}{100} \right)$$

$$= 30 \text{ EUR/Stück} \times (1 + 1) = 60 \text{ EUR/Stück}$$

Nach diesen Berechnungen wird der Hersteller dem Einzelhandel, in diesem Fall Elektro Nick, das Produkt für 60 EUR zzgl. Mehrwertsteuer pro Stück verkaufen und dabei einen Gewinn von 30 EUR pro Stück erzielen.

2. Nachfrageorientierte Preisfestsetzung

Haben Sie ein besonderes Produkt oder eine Innovation im Sortiment, haben Sie gute Chancen, höhere Preise festzusetzen. Auch in diesem Fall ist die Nachfrage dieses Produkts regelmäßig zu prüfen, um ggf. zeitnah reagieren zu können. Befindet sich Ihr Produkt nämlich am Ende seines Lebenszyklus und lässt die Nachfrage nach, sollte die Preispolitik überdacht werden.

3. Aktionspreise

Aktionspreise haben in der Regel die Aufgabe, besondere Aufmerksamkeit bei Kunden zu erreichen und das Gefühl zu vermitteln, dass es jetzt Produkte zu besseren/niedrigeren Preisen gibt. Dies führt normalerweise zu mehr Abverkauf. Sie sollten jedoch darauf achten, den Mindestpreis zu kennen, mit dem alle Kosten gedeckt sind. Ein Produkt sollte immer nur eine gewisse Zeit lang zum Aktionspreis angeboten werden, um den Gewinn nicht dauerhaft zu schmälern.

4. Marktorientierte Preisbildung

Im Gegensatz zu der vorgestellten Vollkostenrechnung ist die Deckungsbeitragsrechnung eine Teilkostenrechnung, die Sie bereits aus dem vorangegangenen Kapitel kennen (vgl. Kapitel 5, Abschnitt III). Auch sie kann Grundlage für die Preisgestaltung sowie Umsatz-, Kosten- und Gewinnanalysen sein. Im Gegensatz zur Vollkostenrechnung geht die marktorientierte Preisbildung vom marktüblichen Verkaufspreis aus und ermittelt den unter Marktbedingungen zu erwartenden Gewinn unter Berücksichtigung der variablen Kosten und der Fixkosten. Die einfache Deckungsbeitragsrechnung, auch „Direct Costing" genannt, dient der Ermittlung des gesamten

Betriebsergebnisses. Von den Umsatzerlösen werden die variablen Kosten abgezogen. Nach anschließendem Abzug der Fixkosten kann das Betriebsergebnis abgelesen werden. Da die Fixkosten nur als Gesamtsumme für den ganzen Betrieb betrachtet werden, wird noch nichts darüber ausgesagt, inwieweit einzelne Bereiche kostendeckend arbeiten. Diese deckungsbeitragsorientierte Preisaussage gibt einen Hinweis auf die Preisuntergrenze.

Bei der konkurrenzorientierten Preisbildung richtet sich das Unternehmen nach den Preisen der Wettbewerber. In den meisten Fällen wird dies der Preis des Marktführers oder der Durchschnittspreis der Branche sein. In einem solchen Fall wird dann unter Zuhilfenahme der Deckungsbeitragsrechnung geprüft, ob ein Unterbieten der Preise des Wettbewerbs für das eigene Geschäft überhaupt infrage kommen kann.

Bei der nachfrageorientierten Vorgehensweise rücken neben den Preisen der Wettbewerber vor allem die Erwartungen und Wertvorstellungen der Kunden in den Vordergrund. Ein modernes Instrument, die Nachfrageseite systematisch zu erfassen und auch die Kostenorientierung im Blick zu haben, ist das Target Pricing, das Ihnen im Folgenden vorgestellt wird.

IV. Markt und Kosten berücksichtigen: Target Pricing

Target Pricing (in diesem Zusammenhang auch oft verwendete Begriffe: Target Costing und Zielkostenmanagement) ist ein Bündel von Methoden und Tools zur Zielkostenbestimmung, -spaltung und -erreichung sowie zur Zielpreisfindung. Es wurde in den 60er-Jahren in Japan entwickelt und wird seit Ende der 80er-Jahre in Deutschland eingesetzt. Target Pricing richtet alles danach aus, welcher Preis am Markt tatsächlich realisierbar ist. Deshalb steht nicht die Frage im Vordergrund, was das Produkt/die Dienstleistung kosten wird, sondern, was es/sie kosten darf.

Beim Target Pricing geht es also um Zielkosten, Zielpreise und „Allowable Costs“. Allowable Costs sind die maximal zulässigen Kosten, um bei einem gegebenen Verkaufspreis noch einen angemessenen Gewinn erwirtschaften zu können. Die Standardkosten, also die mit den im Betrieb herrschenden Technologie- und Fertigungsstandards im günstigsten Fall erreichbaren Plankosten, sind so zu beeinflussen, dass die durch die Zielkosten gesetzte Obergrenze eingehalten wird. In den am Markt akzeptablen Preis (Verkaufspreis) fließen im Rahmen des Target Pricing sowohl kunden- als auch wettbewerbsorientierte Aspekte ein.

So gehen Sie beim Target Pricing vor:

1. Zuerst schätzen Sie unter Zuhilfenahme der Marktforschung, Umfragen, Branchenergebnis usw. den im Markt erzielbaren Preis ab.
2. Von diesem Preis subtrahieren Sie den geplanten Gewinn pro Einheit und erhalten so die Zielkosten für ein Produkt, eine Dienstleistung usw.:

   Zielkosten = durchsetzbarer Preis – geplanter Gewinn

3. Betrachten Sie nun die geschätzten Standardkosten für die Erbringung der Dienstleistung bzw. die Produktion, also die Kosten, die verursacht werden, wenn die Produktion/Dienstleistung entsprechend den in Ihrem Unternehmen eingespielten Prozessen erbracht würde. Genau an diesem Punkt setzt nun das Zielkostenmanagement ein.
4. Versuchen Sie Kostensenkungspotenziale aufzudecken, um die Standardkosten auf das Niveau der Zielkosten zu „drücken".
5. Teilen Sie die festgelegten Zielkosten auf kleinere Teilprozesse, die jeweils für die Herstellung der Produkte und zur Erbringung der Dienstleistungen in den einzelnen Prozessen notwendig sind, auf. Ermitteln Sie dafür zunächst die aus Kundensicht relevanten Eigenschaften der Produkte/Dienstleistung und gewichten Sie sie nach Wichtigkeit für den Konsumenten. Dazu können Sie z.B. die Ergebnisse eines Brainstormings verwenden. Die zu diskutierende Frage lautet: Was erwarten unsere Kunden eigentlich von uns?
6. Legen Sie die Gewichtungsfaktoren entsprechend dem Ausmaß, mit dem die Teilprozesse zur Erfüllung der Kundenansprüche beitragen, fest.

Beispiel: Target Pricing in der Schreinerei

Die Schreinerei „Holzweg" möchte für eine bessere Planung ihrer Dienstleistung am Kunden sorgen. Die Kunden, die sich für handgefertigte Möbel aus Holz interessieren, haben in der Regel Sonderwünsche, was ein aufwendiges Beratungsgespräch verlangt. Dieses beinhaltet den Prozess der

- Akquisition,
- Analyse (Was passt am besten in das Haus?),
- Konzeption (unterschiedliche Probeentwürfe zur Visualisierung),
- Dokumentation (Skizzenmaterial, Kostenkalkulationen) und der
- Präsentation der Entwürfe vor dem Kunden.

Mittels einer systematischen Kostenrechnung möchte die Schreinerei die Kosten dafür besser planen, steuern und kontrollieren können.

Zu Beginn der Analyse ermittelt die Schreinerei die Zielkosten für ein Beratungsgespräch. Der am Markt durchsetzbare Preis beträgt 500 Euro; dies wäre der Preis, den die Kunden bereit sind zu bezahlen. Subtrahiert sie den mit dem Auftrag angestrebten Gewinn von 100 Euro vom Zielpreis, ergeben sich die Allowable Costs in einer Höhe von 400 Euro. Zu den Kosten zählen mitunter die Werbung, Mitarbeitereinsatz, Entwurfsmaterialien, Telefonate usw. Mit den bisherigen Kosten (Standardkosten) für die Beratung käme die Schreinerei auf 468 Euro. Es besteht also Handlungsbedarf, da die Standardkosten um 68 Euro zu hoch ausfallen. Mit seinem Team analysiert der Schreiner die Eigenschaften, auf die seine Kunden Wert legen: Atmosphäre während des Gesprächs, Schnelligkeit der Vorlage der Entwurfsmappen, Verständlichkeit der visuellen Vorstellung, Realisierungsmöglichkeit und Gestaltung. Dies sind also die Kriterien, die für den Kunden in einem Beratungsgespräch wichtig sind. Nachdem der Schreiner die einzelnen Teilprozesse und Eigenschaften für ein Beratungsgespräch aufgestellt hat, führt er sie in einer Tabelle folgendermaßen an. Er gewichtet die Eigenschaften aus Sicht der Kunden und die Teilprozesse aus seiner Sicht.

Eigenschaften						
Teilprozesse	Atmosphäre 10 %	Schnelligkeit 10 %	Verständlichkeit 30 %	Realisationsmöglichkeit 30 %	Gestaltung 20 %	Gesamtgewicht
Akquisition	50 % (5 %)					5 %
Analyse	30 % (3 %)	40 % (4 %)	10 % (3 %)			10 %
Konzeption		40 % (4 %)	30 % (9 %)	100 % (30 %)		43 %
Dokumentation		20 % (2 %)	40 % (12 %)		60 % (12 %)	26 %
Präsentation	20 % (2 %)		20 % (6 %)		40 % (8 %)	16 %

Gewichtungstabelle Target Pricing

Erläuterung der Gewichtungstabelle:

- Teilprozesse: Dies sind die Prozesse, die bei einer Beratung in der Schreinerei (Akquisition, Analyse, Dokumentation, Präsentation) notwendig sind.
- Eigenschaften mit Gewichtung: Die jeweiligen Eigenschaften sind entsprechend der Bedeutung aus Sicht der Kunden gewichtet worden (Atmosphäre 10 %, Schnelligkeit 10 %, Verständlichkeit 30 %, Realisationsmöglichkeit 30 %, Gestaltung 20 %)
- Obere (schwarze) Zahl: Diese Zahl gibt an, inwieweit der jeweilige Teilprozess aus Sicht des Unternehmens dazu beiträgt, die gewünschten Eigenschaften zu erfüllen. So würde beispielsweise der Prozess der Akquisition mit 50 % dazu beitragen, dass in dem Beratungsgespräch eine gute Atmosphäre herrscht, wohingegen die Dokumentation keinen Beitrag zur Atmosphäre leistet.

- Untere (graue) Zahl: Diese Zahl resultiert aus der Multiplikation des Erfüllungsbeitrags mit dem Eigenschaftsgewicht und drückt aus, wie hoch der Anteil am Gesamtgewicht ist:

  $$\text{Anteil des Erfüllungsbeitrags am Gesamtgewicht} = \frac{\text{Erfüllungsbeitrag} \times \text{Eigenschaftsgewicht}}{100}$$

  Beispiel für die Gewichtung an der Eigenschaft Atmosphäre:

  Eigenschaftsgewicht: 10 %

  Erfüllungsbeitrag: 50 % Akquisition, 30 % Analyse, 20 % Präsentation

  Anteil des Erfüllungsbeitrags am Gesamtgewicht: 5 % für Akquisition, 3 % für Analyse, 2 % für Präsentation.

- Gesamtgewicht: Diese Zahl ergibt sich durch Addition der Teilgewichte (graue Zahlen) für den jeweiligen Prozess (z.B. Konzeption: 4 % + 9 % + 30 % = 43 %). Diese Zahl ist maßgeblich dafür, welche Zielkosten bei der Durchführung des jeweiligen Teilprozesses anfallen dürfen. Auf die Konzeption dürfen also 43 % der gesamten Zielkosten entfallen.

In der folgenden Tabelle wird der Schritt 6 angewendet, also die Standardkosten mit den Zielkosten ins Verhältnis gesetzt. Generell ist ein Zielkostenindex von 1 anzustreben, da in diesem Fall der Teilprozess genau in dem Umfang Kosten verursacht, wie er auch zur Erfüllung der Kundenbedürfnisse beiträgt.

Teilprozesse	Teilgewicht	Standardkosten	Target Costs (= gesamte Zielkosten × Teilgewicht)	Zielkostenindex (= Target Costs : Standardkosten)	Schlussfolgerung
Akquisition	5 %	0,09	0,20	2,22	Zu preiswert
Analyse	10 %	0,90	0,40	0,44	Zu teuer
Konzeption	43 %	2,40	1,72	0,72	Zu teuer
Dokumentation	26 %	1,20	1,04	0,87	Zu teuer
Präsentation	16 %	0,09	0,64	7,11	Zu preiswert
	100 %	= 4,68	= 4,00		

Nun liegt es in der Hand der Schreinerei, Strategien und Maßnahmen zu entwickeln, um sich den Zielkosten anzunähern. Für die Präsentation hat sich die Firma „Holzweg“ z.B. darum bemüht, für die Entwürfe ein Papier von höherer Qualität zu verwenden und in ein computeranimierendes Programm investiert. Die visuelle Darstellung ermöglicht es den Kunden, sich die Möbelstücke bzw. die Holzinnenausstattung individuell auf das Haus bezogen anzuschauen und Farbton, Muster, Größe und Position der Stücke nach ihren Wunschvorstellungen zu variieren.

Die Methode des Target Pricing verbindet also systematisch die kosten- und die marktorientierte Preisbildung.

Um mit einer erfolgreichen Preispolitik Gewinne zu erzielen, sollten Sie sich Ziele setzen. Überprüfen Sie, ob bei jedem Auftrag mindestens die variablen Kosten und in der Summe auch alle fixen Kosten gedeckt sind und die Gewinnspanne groß genug ist.

Bei der Kostenrechnung werden Nachfrage bzw. Markt nicht berücksichtigt. Der Verkaufspreis wird nicht durch die gesamten Stückkosten (fixe und variable Kosten) bestimmt, sondern nur durch die variablen Kosten, die im direkten Zusammenhang mit dem Produkt stehen (Entwicklung, Produktion, Vermarktung). Vom erzielten Umsatz eines Produkts werden die variablen Kosten abgezogen. Der Betrag, der über die variablen Kosten hinaus erwirtschaftet wird, dient zur Deckung der Fixkosten (Versicherung, Beiträge, Betriebskosten usw.) und ggf. zur Gewinnerzielung. Die Deckungsbeitragsrechnung verwenden Sie zur kurzfristigen Bestimmung von Preisuntergrenzen. Da die Fixkosten kurzfristig nicht abbaubar sind und in jedem Fall den Gewinn belasten, trägt jedes Produkt, dessen Preis seine variablen Kosten übersteigt, zur Deckung der fixen Kosten und zur Verbesserung der Gewinnsituation insgesamt bei.

Die folgende Checkliste soll Ihnen dabei helfen, Ihr Unternehmen besser einzuschätzen:

✔

Checkliste: Preispolitik	**Antwort**
☐ *Welche Ziele hat Ihre Preispolitik?*	
☐ *Wie sieht die Positionierung im Rahmen der Preispolitik aus?*	
☐ *Wie viel wird das jeweilige Produkt kosten?*	
☐ *Wie steht es um die momentane/zukünftige Marktlage?*	
☐ *Wie groß ist die Nachfrage für Ihre Produkte?*	
☐ *Welche Preise und Angebote hat die Konkurrenz?*	
☐ *Welcher Preis ist angemessen (Preisbildung)?*	

7. Kapitel

7

So vermarkten Sie Ihre Produkte und Dienstleistungen

i

Siebtes Gebot: Die Schnittstelle zum Kunden entscheidet

Planen Sie den Prozess Ihrer Vertriebspolitik mit Sorgfalt. Die Schnittstelle zum Kunden entscheidet über den Erfolg oder Misserfolg.

Entscheidungen über den Vertrieb Ihrer Produkte, auch Absatz genannt, gehören zu den wichtigsten Elementen des Marketings. Sie haben damit in der Hand, wie schnell und wie zuverlässig Ihre Kunden das Produkt oder die Dienstleistung erhalten können und ob Ihr Vertriebssystem kosteneffizient ist. Besonders dieser Bereich hat in den letzten Jahren aufgrund der neuen Informations- und Kommunikationstechnologien und damit der Bedienung der Kundenanfragen an Bedeutung gewonnen.

Viele Unternehmen tendieren allerdings dazu, ihren Absatzkanälen nicht genügend Aufmerksamkeit zu schenken. Versuchen Sie daher, das Vertriebs- bzw. Absatzsystem nicht nur physisch als Transport, Lagerung und Distribution anzusehen, sondern kundenorientiert im Vergleich zum Wettbewerb einzusetzen.

Kernfragen der Vertriebspolitik sind:

- Wie wird der Weg der Produkte vom Hersteller bis zum Kunden gestaltet? (Absatzwege)
- Wie wird der für den Absatz/Verkauf notwendige Kontakt zum Kunden hergestellt? (Absatzorganisation)

- Wie wird die Auslieferung der Produkte und Leistungen an die Kunden organisiert? (Absatzlogistik)

Bevor Sie sich mit diesen Kernfragen beschäftigen, sollten Sie einen Überblick über Ihren Vertriebsplanungsprozess erstellen.

I. Der Planungsprozess der Vertriebspolitik

Entscheidungen im Vertrieb sind in der Regel langfristiger Natur, d.h. Änderungen an der bestehenden Absatzpolitik sind nur mit entsprechend hohem Aufwand möglich. Eine schematische Darstellung der Vertriebsplanung (vgl. Bruhn, Marketing, S. 247) könnte folgendermaßen aussehen:

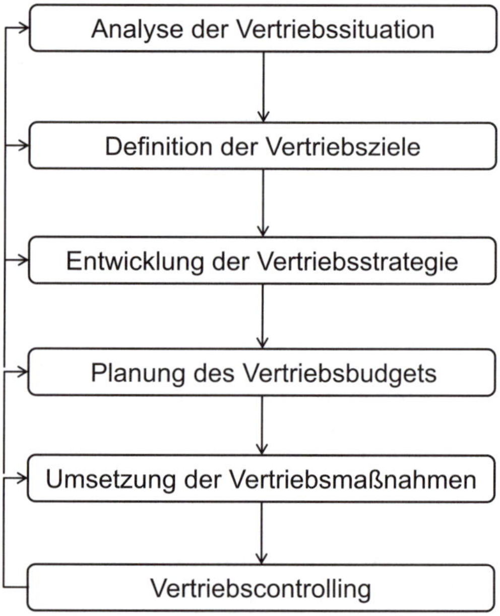

Abb. 26: Schematische Darstellung der Vertriebsplanung

- **Analyse der Vertriebssituation:** Die Ihnen bereits aus Kapitel 1 bekannte Situationsanalyse wird auch hier angewandt. Analysieren Sie die bisherige Vertriebspolitik sowie eine Abschätzung zukünftiger Entwicklungen, die sich für Ihr Unternehmen als Chance oder Risiko auswirken können. Dabei kann die SWOT-Analyse helfen (Kapitel 1, Abschnitt III). Achten Sie darauf, dass Sie die vertriebliche Stellung der Hauptkonkurrenten mit einbeziehen.

- **Definition der Vertriebsziele:** Der nächste Schritt gilt der Formulierung der vertriebspolitischen Ziele, die in folgende Kategorien unterschieden werden können:
  - ökonomisch orientierte Vertriebsziele: z.B. Erhöhung der Absatzmenge, Senkung der Vertriebs- und Logistikkosten
  - versorgungsorientierte Vertriebsziele: z.B. Reduzierung der Lieferzeiten, Erhöhung der Lieferbereitschaft und -zuverlässigkeit
  - psychologisch orientierte Vertriebsziele: z.B. Sicherstellung eines guten Vertriebsimages in Abstimmung mit der Markenstrategie, Erhalt bzw. Erhöhung der Kooperationsbereitschaft des Handels
- **Entwicklung der Vertriebsstrategie:** Eine Vertriebsstrategie dient der Orientierung für alle Maßnahmen, die im Vertrieb getätigt werden sollen. Dazu ist die Segmentierung der Endabnehmer und Vertriebsorgane notwendig. Erst daraus lassen sich die Strategien für den Vertrieb sinnvoll ableiten. Die Strategien umfassen z.B. die Auswahl des Absatzkanals, der Zahl der Absatzmittler sowie deren Art. Darüber hinaus sind weitere Entscheidungen, etwa über die Gestaltung der Logistiksysteme, zu treffen.

Beispiel: Selektionsstrategie

Ein Beispiel für eine Selektionsstrategie ist die „exklusive Distribution", d.h. der bewusste Verzicht auf die „Überall-Erhältlichkeit". Der Nachfrager empfindet in dieser Situation mitunter eine besondere Wertschätzung für ein nicht überall erhältliches Produkt. Ein Produzent von Luxusbrillen etwa muss eine gewisse Selektion unter den potenziellen Einzelhändlern bzw. Vertriebspartnern vornehmen, um einen fachgerechten Vertrieb seiner Erzeugnisse und das von ihm anvisierte Preisniveau durch ein Image der Exklusivität realisieren zu können.

- **Planung des Vertriebsbudgets:** Wenn Sie Ihre Vertriebsstrategie bestimmt haben, legen Sie die Höhe des Vertriebsbudgets auf dieser Basis fest. Hierunter versteht man die Gestaltung der finanziellen Mittel beispielsweise für den Einsatz von Provisionen im Außendienst oder verkaufsfördernde Maßnahmen in Zusammenarbeit mit dem Handel.
- **Umsetzung der Vertriebsmaßnahmen:** Nachdem Sie die Strategie und das Budget definiert haben, können Sie mit den Maßnahmen für den Vertrieb starten. Hier wird entschieden, mit welchen Maß-

nahmen die Absatznehmer an das Unternehmen gebunden sind, welche Anreiz- und Vergütungssysteme zum Einsatz kommen, an welchen Standorten Verteilungszentren zu errichten sind usw.

- **Vertriebscontrolling:** Am Ende des Planungsprozesses prüfen Sie, ob Sie Ihre strategischen und operativen Vertriebsziele erreicht haben, was zu Abweichungen geführt hat und inwieweit Anpassungen notwendig sind. Hierzu können Sie z.B. das Beyond CRM (Kapitel 4, Abschnitt III) anwenden.

Beim Planungsprozess ist es wichtig, mit den Schnittstellen Vertrieb und Produkt sowie Vertrieb und Kommunikation optimal zusammenzuarbeiten. Ein Beispiel dafür wäre: Wenn das Produkt nicht wie geplant fertig wird, verzögert sich automatisch der Vertrieb und Werbemaßnahmen müssen demzufolge nach hinten verschoben werden.

Beispiel: Optimiertes Vertriebswesen

Der Schraubenhersteller Kochel hat seine Produkte bisher bei Fachmärkten wie OBI, Toom und Hellweg vertrieben. Die Konkurrenz mit ausländischen Produktionsstätten hat gerade in dieser Branche durch Billigversionen mit mangelnder Qualität den Markt übersät. Da der Schraubenhersteller Kochel mit Stand in Deutschland preislich nicht mithalten kann, möchte Kochel nicht nur durch die Qualität seiner Produkte, sondern auch durch die Optimierung des Vertriebswegs bei den Endabnehmern punkten.

Sein Ziel ist es, die Vertriebs- und Logistikkosten zu minimieren sowie die Lieferbereitschaft seiner Produkte zu optimieren. Mit der Einführung eines zusätzlichen Onlinevertriebs sollen Kosten eingespart und Lieferzeiten gesenkt werden. Dafür engagiert Kochel einen Fachmann, der ihm die Website und die relevanten Onlineplattformen für seinen Onlinevertrieb plant. Kochels Mitarbeiter im Vertrieb werden auf das neue Programm geschult, damit die Einführung möglichst reibungslos verläuft. Durch das Internet wird das Einzugsgebiet seines Unternehmens erweitert und es werden neue Kundengruppen angesprochen.

Der Entwurf eines Vertriebssystems muss – wie alle anderen Marketingentscheidungen auch – vom Kunden akzeptiert werden. Für die Entscheidung, welcher Vertriebskanal für Ihr Unternehmen Erfolg versprechend ist, sind die Bedürfnisse der Käufer zu analysieren.

Checkliste: Bedürfnisanalyse der Käufer	Antwort
☐ *Sind Ihre Kunden bereit, auch per Telefon, Post und Internet zu bestellen und dementsprechend Lieferungen nach Hause zu akzeptieren?*	
☐ *Erwarten Ihre Kunden sofortige Lieferung (bzw. sofortige Mitnahme) oder sind sie bereit, nach Auftragserteilung etwas zu warten?*	
☐ *Ist Ihren Kunden eine große Sortimentsbreite oder eine hohe Sortimentstiefe wichtiger?*	
☐ *Bevorzugen Ihre potenziellen Kunden zusätzliche mit dem Produkt verbundene Dienstleistungen (Lieferung frei Haus, Installation, Reparatur) oder kümmern sie sich selbst darum?*	

II. Absatzwege, Absatzorganisation und Auftragslogistik

Nachdem Sie die Bedürfnisse Ihrer Kunden herausgefunden haben, besteht für die Wahl der Absatzwege kein großer Spielraum mehr. Es gibt direkte und indirekte Absatzwege.

Beim direkten Vertrieb verkauft der Hersteller unmittelbar an den Endabnehmer, ohne unternehmensfremde Absatzorgane einzusetzen. Die Absatz- bzw. Verkaufsaufgabe wird bei diesem Absatzsystem nur von unternehmenseigenen Verkaufsorganen (z.B. Außendienstmitarbeiter, auch „Reisende“ genannt) wahrgenommen.

Formen des direkten Vertriebs sind:

- Einsatz von Vertriebsmitarbeitern (Außendienstmitarbeiter)
- unternehmens- bzw. werkseigene Verkaufsstellen (Factory Outlets, Fabrikverkaufsstellen)
- unternehmensgebundene Verkaufsstellen, die von selbstständigen Unternehmern betrieben werden (Franchiseverträge)
- Direktmarketing (Direct Mails, Kataloge im Versandhandel, Telefonmarketing)
- Teleshopping

Der indirekte Vertrieb ist demgegenüber dadurch charakterisiert, dass zwischen Hersteller und Konsument ganz bewusst ein unternehmensfremdes, rechtlich und wirtschaftlich selbstständiges Verkaufsorgan (z.B. Großhandel, Einzelhandel) eingeschaltet wird.

Formen des indirekten Vertriebs sind:

- Onlineplattformen wie z.B. amazon oder eBay
- Großhändler: Zustellgroßhandel, Cash-and-Carry-Großhandel, Rack-Jobber-Großhandel, d.h. Großhändler, die in Handelsbetrieben Regale oder Verkaufsflächen mieten und dort auf eigene Rechnung anbieten, Streckengroßhandel, Sortimentsgroßhandel, Spezialgroßhandel
- Einzelhändler: Fachgeschäfte, Spezialgeschäfte, Warenhäuser, Kaufhäuser, Supermärkte, Discounter, Fachmärkte, Verkaufsautomaten, Convenience Stores, Onlineshops, Einkaufszentren, Einkaufsvereinigungen

Wichtig bei der Wahl des Absatzkanals ist, sich in erster Linie an den Ansprüchen der Kunden zu orientieren. Daneben spielen noch weitere Einflussfaktoren eine Rolle.

Einflussfaktoren	**Direkter Absatzweg**	**Indirekter Absatzweg**
Wirkung auf Kosten	▪ Höhere Fixkosten ▪ Geringere variable Kosten	▪ Höhere variable Kosten ▪ Geringere Fixkosten
Eigenschaften der Nachfrager	Individuelle Anforderungen an die Leistung und komplexe Kaufentscheidung	Absatz an möglichst viele Kunden, die nicht räumlich gebunden sind und kleine Mengen einkaufen
Produktspezifische Eigenschaften	Erklärungsbedürftige, technisch komplizierte Produkte sowie verderbliche oder wertvolle Güter	Produkte, die lagerfähig sind, schnell auslieferbar sein sollen oder in kleinen Mengen gekauft werden

Wenn Sie das Absatzgeschehen unmittelbar kontrollieren wollen, die direkte Kommunikation mit dem Endabnehmer bevorzugen, keine Massendistribution und den hohen absatzorganisatorischen Aufwand in Kauf nehmen, dann ist der direkte Absatzweg der richtige Weg für Sie.

Wenn Sie hingegen die Absatzfunktion an einen Externen weitergeben und Massendistribution betreiben wollen, dann ist meist der indirekte Absatzweg zu bevorzugen. Der Nachteil hierbei ist, dass Sie keinen unmittelbaren Zugriff auf das Absatzgeschehen haben und die Kommunikation zum Endabnehmer schwieriger ist.

Beispiel: Onlinevertrieb
Das Unternehmen Kochel hat sich für den weiteren Absatzkanal „Onlinevertrieb“ entschieden, da seine Produkte lagerfähig und schnell auszuliefern sind und unter anderem meist in kleinen Mengen gekauft werden. Zudem möchte er Kunden aus anderen Regionen dazugewinnen, was durch die Versandmöglichkeit erleichtert wird. Ein weiterer Aspekt, der für den Onlinevertrieb spricht, ist, dass Kochels Produkte nur wenig erklärungsbedürftig sind und daher sein Image durch schnellere Abwicklung der Aufträge nur gestärkt werden kann.

1. Prüfung und Bewertung der Absatzwege

Wenn Sie mehrere Alternativen für die Distributionssysteme entwickelt haben und sich nun für denjenigen Absatzweg entscheiden möchten, der Ihre Unternehmensziele auf lange Sicht am besten erfüllt, dann prüfen und bewerten Sie die Alternativen auf Wirtschaftlichkeit, Steuerungskriterien und Anpassungsschwierigkeiten.

a) Wirtschaftliche Bewertungskriterien

Klären Sie im ersten Schritt zunächst, wie viel Umsatz mit einem unternehmenseigenen und einem externen Außendienst jeweils erzielt werden könnte:

- Unternehmenseigenes Absatzorgan: Der unternehmenseigene Außendienst konzentriert sich auf die Produkte des Unternehmens und verkauft nur diese. Deshalb verfügen die eigenen Außendienstmitarbeiter über ein höheres und detaillierteres Produkt-Know-how.

- Externes Absatzorgan: Handelsvertreter sind beispielsweise eine interessante Alternative zum eigenen Außendienst. Ihr Engagement hängt zum großen Teil davon ab, wie viel Kommission damit im Vergleich zu anderen Produktlinien zu verdienen ist. Es gibt durchaus Kunden, die es bevorzugen, von einem Handelsvertreter betreut zu werden, als es mit dem Außendienst des Herstellers zu tun zu haben, da der Handelsvertreter meist mehrere Unternehmen vertritt. Zudem verfügt er meist über sehr viele Kontakte und Verbindungen, die beim Hersteller zum Teil oft erst aufgebaut werden müssen.

Vergleichen Sie im zweiten Schritt die Kosten der beiden Möglichkeiten.

- Bei einem eigenen Außendienst sind die fixen Kosten höher, die Gesamtkosten steigen allerdings nicht so schnell an.
- Bei einem externen Handelsvertreter sind die fixen Kosten niedriger, die Gesamtkosten steigen jedoch schneller an, da Externe in aller Regel höhere Provisionen vom Hersteller bekommen als eigene Mitarbeiter.

Ob die Wahl nun auf unternehmenseigene oder -fremde Absatzorgane fällt, hängt, wenn man nur die Kosten betrachtet, von der Absatzmenge ab. Bei einer bestimmten Absatzmenge A sind die Kosten für beide Vertriebsmöglichkeiten gleich hoch. Wenn der Absatz geringer ist als diese Menge A, dann ist es kostengünstiger, den Vertrieb durch einen externen Handelsvertreter zu wählen. Ist der Absatz höher als diese Menge A, ist es kostengünstiger, die Distribution mit einer eigenen Vertriebsgruppe durchzuführen. Die folgende Abbildung in Anlehnung an Kotler, Grundlagen des Marketing, S. 1048, veranschaulicht diesen Zusammenhang:

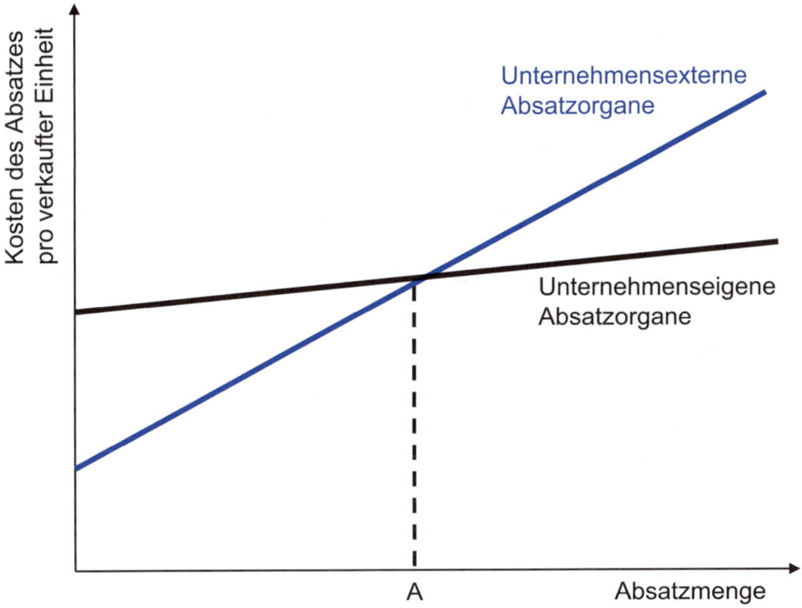

Abb. 27: Kostenverlauf Absatzorgane

b) Steuerungs- und Motivationskriterien

Wenn Sie einen externen Vertreter beauftragen, haben Sie grundsätzlich weniger Einfluss auf den Vertrieb als mit jemandem aus dem eigenen Außendienst. Ein Handelsvertreter ist ein selbstständiger und unabhängiger Unternehmer meist mit dem Ziel der Maximierung seines eigenen Einkommens. Er wird also verstärkt diejenigen Produkte anbieten, von denen er die höchstmögliche Provision erwartet. Das heißt eben nicht immer, dass das die Produkte Ihres Unternehmens sind.

Die folgende Checkliste wird Ihnen bei der Entscheidungsfindung helfen:

Checkliste: Interner Außendienst oder Handelsvertreter?	**Antwort**
Werden die Funktionen (Umfang der ausgeübten Distributionsfunktionen, Umfang des übernommenen Risikos, Spezialisierungsgrad, Erfahrungspotenzial, Qualität der Funktionserfüllung) erfüllt?	
Welches Image hat Ihr Außendienst bei Ihren Kunden?	
Wie flexibel ist Ihr Außendienstmitarbeiter im Hinblick auf Anpassungsfähigkeit und Willigkeit bei Strategieänderungen?	
Lässt sich Ihr Außendienstmitarbeiter bezüglich der Bereitschaft zur Verhaltensabstimmung steuern und kontrollieren?	

c) Vertragsbindung

Die Entscheidung für einen bestimmten Absatzweg sollte langfristig getroffen werden. Wenn ein Unternehmen einen unternehmensexternen Handelsvertreter engagiert, dann muss es diesem i.d.R. einen Vertrag für mehrere Jahre anbieten. Wenn sich in diesem Zeitraum herausstellt, dass ein eigener Außendienst kostengünstiger und effizienter wäre, dann ist das Unternehmen nicht ohne Weiteres in der Lage, den Vertrag mit dem Handelsvertreter aufzulösen. Sie sollten sich daher nur dann für einen externen Handelsvertreter entscheiden, wenn der Absatz über Handelsvertreter langfristig für Ihr Unternehmen auch finanziell attraktiv ist.

2. Die Absatzorganisation

Die Absatzorganisation stellt neben der Auswahl der Absatzwege, einen weiteren wichtigen Punkt in der Vertriebspolitik dar. Dabei geht es um die Frage, wie der Kontakt zum Kunden hergestellt wird.

Für den persönlichen Verkauf Ihrer Produkte benötigen Sie eine Person (Verkaufsorgan), die die Aufträge heranholen soll. Für die Akquisition von Aufträgen ist das persönliche Gespräch mit bestehenden und potenziellen Kunden notwendig. Trotz der neuen, modernen Kommunikationstechnologien spielt der persönliche Kontakt (face-to-face) zum Kunden nach wie vor eine wichtige Rolle. Das gilt besonders für erklärungsbedürftige Produkte und Leistungen. Grundsätzlich sind hier wieder unternehmenseigene oder unternehmensfremde Verkaufsorgane einsetzbar.

- **Unternehmenseigene Verkaufsorgane:** Hier handelt es sich um ein festes Angestelltenverhältnis mit einer arbeitsvertraglichen Weisungsgebundenheit. Einmalige Verkaufsaufgaben, etwa bei Topkunden, werden z.B. vom Inhaber oder von der Geschäftsleitung selbst wahrgenommen. Verkaufsaufgaben, die das laufende Geschäft betreffen, werden von sogenannten „Reisenden" im Sinne einer laufenden Kundenbetreuung erbracht.
- **Unternehmensfremde Verkaufsorgane:** Ein externes Verkaufsorgan ist zwar rechtlich selbstständig, kann aber aufgrund vertraglicher Vereinbarungen stark an ein Unternehmen gebunden werden. Der Handelsvertreter ist hier die häufigste Variante. Er schließt im Namen des von ihm vertretenen Unternehmens Geschäfte ab.

Obwohl sich Reisender und Handelsvertreter durch ihre rechtliche Stellung unterscheiden, sind ihre Aufgabenbereiche im Großen und Ganzen sehr ähnlich. Die Auswahlkriterien belaufen sich daher auf eine quantitative und eine qualitative Analyse, wer die Vertriebsaufgaben effektiver und effizienter lösen kann.

Für die quantitative Analyse wird z.B. eine Kostenvergleichsrechnung (s. Anfang des Kapitels: Absatzwege) verwendet. Für die qualitative Analyse hingegen zählen Kriterien wie die Steuerbarkeit und Flexibilität des Einsatzes, die Möglichkeiten der Gewinnung von Marktinformationen oder Risiken durch rechtliche Bindungen.

Wenn Sie sich im Klaren darüber sind, welche Art von Verkaufsorgan für Ihr Unternehmen infrage kommt, ist es wichtig, dieses gezielt zu steuern, um Ihre Vertriebsziele erreichen zu können. Mittel zur Steuerung Ihrer Verkaufsorgane sind (vgl. Bruhn, Marketing, S. 245 ff.):

- **Aufteilung in Verkaufsbezirke:** Jedem Verkaufsorgan wird ein Teil vom Gesamtbezirk zugewiesen. Als Kriterien für die Aufteilung von Bezirken ist deren Nachfragepotenzial, die Entfernung zwischen den Kunden sowie die zeitliche Belastung durch die Bearbeitung der Kunden heranzuziehen.
- **Planung der Verkaufsquoten:** Geben Sie Deckungsbeitragszahlen als zu realisierende Verkaufsquote an, um die Verkaufsorgane zu einem gewinnorientierten Denken zu führen. Dafür benötigen

Sie eine vertriebsorientierte Deckungsbeitragsrechnung, die Deckungsbeiträge nach Produkten, Kunden und Gebieten genauer differenziert. Ein weiteres Mittel wären Vorgaben für die Anzahl der Kundenbesuche und Verkaufsdemonstrationen, Neukunden- und Interessentenangabe. Die Ziele sollten nicht zu hoch gesteckt sein, da zu hoch gesteckte unerreichbare Zielvorgaben demotivierend wirken können.

- **Planung der Verkaufsrouten:** Eine geschickte Planung der Reiserouten von Kunde zu Kunde durch Information über die Entfernungen zwischen den Kunden, die Arbeitszeiten der Verkaufsorgane sowie geplante Reise- und Kontaktzeiten führen zu Effizienz.
- **Planung der Besuchshäufigkeiten:** Die Häufigkeit, mit der ein Kunde besucht wird, ist nach verschiedenen Kundengruppen zu unterscheiden (Stammkunden, Neukunden, Interessenten). Auch Kriterien wie Auftragsvolumen, Entfernung zwischen Kunden, Kaufwahrscheinlichkeit oder Bestellrhythmus sind für die Zahl der Besuchstermine zu berücksichtigen.
- **Schulung und Training:** Damit Ihre Verkaufsorgane den laufenden Veränderungen gewachsen sind, sind regelmäßige Schulungen im Bereich der Vermittlung produktspezifischen Wissens sowie Abwicklungs- und Verfahrenstechniken im Unternehmen unerlässlich. Unternehmensübergreifende Kenntnisse wie Argumentations- und Verkaufsabschlusstechniken, Schulungen mit dem Ziel der Motivationssteigerung sowie Vermittlung spezifischer Kunden-Wettbewerbs-Informationen sind für die Verkaufsorgane regelmäßig zu aktualisieren.

3. Auftragslogistik

Bei der Auftragslogistik geht es um die Klärung der Frage, wie Sie die Auslieferung Ihrer Produkte bzw. Dienstleistungen an Ihre Kunden gestalten. Unterschätzen Sie die Bedeutung dieses Aspekts nicht. Eine effiziente Logistik führt zu zufriedenen Kunden. Durch eine gut funktionierende Warenlogistik können Sie die Kunden besser bedienen und niedrigere Preise anbieten. Andererseits werden Sie Kunden verlieren, wenn Sie Ihre Waren nicht zuverlässig zum geforderten Zeitpunkt liefern.

Wer eine schlecht organisierte Warenlogistik hat, muss mit hohen Kosten und unzufriedenen Kunden rechnen. Prüfen Sie also den Einsatz von Transportoptimierungsmodellen und Lagerhaltungsprogrammen zur Koordination von Beständen, Transportwegen, Lager- und Verkaufsstätten. Selbst relativ kleine Verbesserungen im Ablauf der Warenlogistik können sich in hoher Kostenersparnis niederschlagen, wovon sowohl das Unternehmen als auch die Kunden profitieren.

Für eine Verbesserung des Logistikmanagements spricht außerdem, dass sich die Produktvielfalt explosionsartig vermehrt hat und daher die Warenbestände nicht mehr so leicht zu kontrollieren sind. Selbst die Bestellung, der Transport, das Lagern und Einräumen von Tausenden von Artikeln stellt eine beträchtliche logistische Aufgabe dar. Die Fortschritte der Computer- und Informationstechniken nutzen nicht nur den Produzenten, sondern jedem Mitglied des Vertriebssystems. Der Einsatz von Informationstechnologie, lesbaren Strichcodes und Scannern an der Kasse, elektronischer Datenübermittlung (Electronic Data Interchange, EDI) und elektronischen Zahlungsvorgängen (Electronic Funds Transfer, EFT) ist Voraussetzung für die Schaffung integrierter Systeme für Auftragsbearbeitung, Lagerkontrolle, Lagerbeschickung und Lagerentnahme und für die Ausarbeitung von Transportablaufplanungen.

Eine elektronische Datenübermittlung beispielsweise ermöglicht Ihnen den schnelleren Austausch von Daten des Tagesgeschäfts, wie Bestellungen und Rechnungen. Wenn ein Einzelhändler oder Reparaturbetrieb, der den Computer seines Lieferanten anwählen kann, die Verfügbarkeit oder Lieferfristen wissen oder bestellen möchte, ist dies räumlich vollkommen unabhängig voneinander möglich. Dadurch können Lagerbestände vor Ort auf ein Minimum herabgesetzt werden. Hersteller und Lieferant haben somit immer den Einblick in die aktuellen Lagerbestände und Lieferverpflichtungen beim Handel und können die Produktion genauer planen, als es mit früheren Methoden möglich gewesen wäre (vgl. Kotler, Grundlagen des Marketings, S. 1056 ff.).

Zu den Aufgaben der Logistik zählt nicht nur die Ausgangslogistik, also die Zuteilung der Produkte von der Produktion zum Kunden, sondern auch die Eingangslogistik, d.h. wenn Material und Produkte von den Lieferanten an den eigenen Betrieb gehen. Die Verantwortlichen für die Logistik sind also dafür zuständig, das gesamte Warenlogistiksystem des jeweiligen Vertriebssystems zu koordinieren. Zu den Aktivitäten gehören:

- Prognose der Absatzzahlen und -mengen

- Beschaffungsfunktion
- Produktionsplanung
- Auftragsbearbeitung
- Lagerhaltungsfunktion
- Planung der Transporte

Für die Erstellung eines Logistiksystems ist es für das Unternehmen wichtig, die Bedürfnisse seiner Kunden zu kennen, um dann mit entsprechenden Dienstleistungen den Erwartungen gerecht zu werden. Die Kundenbedürfnisse an einen Lieferanten sehen i.d.R. folgendermaßen aus:

- schnelle und zutreffende Auftragsbearbeitung
- schnelle und flexible Belieferung
- Vorsortierung und Preisauszeichnung der Ware für den Handel
- jederzeitige Information über den erreichten Ort der Lieferung und Ablieferungsnachweis
- Rücknahme oder Ersatz defekter Ware

Da die Erfüllung dieser Kundenerwartungen zugleich mit Kosten verbunden ist, kann ein Unternehmen nicht bestmöglichen Dienst am Kunden und niedrigste Preise bieten. Das Ziel soll ein definiertes Niveau der Dienstleistung sein, für das man dann die Ausführung zu den geringsten Kosten anstrebt. Finden Sie also für Ihren Betrieb heraus, welche Bedeutung die verschiedenen Distributionsdienstleistungen für Ihre Kunden haben, und definieren Sie dann für jedes Segment Niveaus. Dabei sollte idealerweise das angestrebte Niveau mindestens dem der Konkurrenten entsprechen.

4. Gestaltung Ihres Logistiksystems

Nach der Festlegung auf eine Auswahl von Logistikzielen ist der nächste Schritt, das Logistiksystem, mit dem diese Ziele verwirklicht werden sollen, zu gestalten, die Kosten dabei aber so gering wie möglich zu halten. Die Funktion eines Logistiksystems bezieht sich primär auf die folgenden Komponenten:

- Auftragsbearbeitung
- Lagerhaltung

- Bestandsmanagement
- Transportwesen

a) Auftragsbearbeitung

Der erste Vorgang in der Logistik ist der Eingang des Kundenauftrags im Unternehmen. Der Kunde oder der Außendienst bzw. die Verkaufsorgane leiten den Auftrag auf herkömmliche Weise oder mit elektronischen Medien an das Unternehmen.

	Herkömmlich	Elektronische Medien
Vom Kunden	Briefpost, Telefon, Fax	E-Mail, automatisiertes System zur Datenübermittlung, App
Durch Verkaufsorgane	Als Auftrag eines Außendienstmitarbeiters, per Post, Telefon oder im Auftragsbüro abgegeben	Vom Außendienstmitarbeiter über Laptop, Funktelefonverbindung unmittelbar nach dem Besuch an den Server der Zentrale übermittelt

Um einen reibungslosen Informationsfluss zwischen Hersteller und Handel sicherzustellen, ist eine optimale Schnittstellenlösung zwischen den unterschiedlichen Logistik-Informationssystemen und Warenwirtschaftssystemen entscheidend.

So haben sich mittlerweile Übertragungsstandards etabliert, die den elektronischen Datentausch vereinheitlichen. Für den deutschen Handel wurde der Sedas-Daten-Service (SDS) entwickelt. Mit diesem Mailboxsystem ist die multilaterale Kommunikation zwischen mehreren Absendern und Empfängern erlaubt, wobei nur der Kontakt zur Mailbox und nicht mehr zu den jeweiligen Marktpartnern hergestellt wird. Die Bestelldaten des Handels werden nach Empfänger sortiert und gebündelt, sodass der Hersteller z.B. nur einmal wöchentlich eine große Bestellung statt vieler kleiner Nachbestellungen im Lauf der Woche erhält. Je nach Unternehmensgröße könnte dieses System sehr hilfreich in der Kommunikation mit dem Handel bzw. Kunden sein.

b) Lagerhaltung

Im Rahmen der Gestaltung der Lagerhaltung sind folgende Entscheidungen zu treffen:

1. Festlegung der Stufen des Warenverteilungssystems
2. Festlegung der Standorte, Anzahl und Größe der Lager
3. Festlegung der Betriebsform der Lager
4. Festlegung des Lagerbestands

Zu Punkt 1.: Die Wahl der Warenverteilung in Stufen – d.h. die Produkte können in mehreren Lagern zwischengelagert werden – ist abhängig von der Art der Produkte sowie von der Anzahl, Größe und geografischen Verteilung der Kunden. Das Lieferserviceniveau kann sichergestellt werden, indem z.B. Zentral- und Auslieferungslager der Hersteller sowie Lager in Groß- und Einzelhandelsbetrieben einbezogen werden, was eine schnellere und flexiblere Lieferung garantiert. Wenn viele Produkte lange liegen, ist das immer mit Kosten verbunden. Reduzieren Sie also Ihre Bestände so weit wie möglich, um nicht unnötige Lagerhaltungskosten zu haben. Seltener verlangte Produkte können Sie statt im Auslieferungslager beispielsweise nur im Zentrallager bevorraten. Überprüfen Sie daher sowohl die Kosten- als auch die Erlösaspekte bei den verschiedenen Möglichkeiten der Zwischenlagerung.

Zu Punkt 2.: Für die Wahl der Standorte der Lager sind u.a. die Auslieferungskosten, das angestrebte Lieferserviceniveau, die Produkteigenschaften sowie die Verkehrsinfrastruktur Entscheidungskriterien. Die Festlegung der Anzahl und Größe der Lager wird vor allem durch die Kosten der Lagerhaltung und des Transports bestimmt.

Zu Punkt 3.: Ob Sie betriebseigene oder fremde Einrichtungen nutzen, hängt von den verfügbaren finanziellen Mitteln und von Flexibilitätsüberlegungen ab.

- Wenn die Nachfrage stabil ist, die Märkte konzentriert sind, eine direkte Kontrolle notwendig ist und die Produkte vor der Auslieferung eine spezielle Behandlung erfordern, dann ist ein Eigenbetrieb bzw. ein eigenes Lager von Vorteil.
- Wenn die Nachfrage hingegen saisonal schwankt, die Märkte und Transportmittel häufiger wechseln und ein Produkt neu in den

Markt eingeführt wird, dann ist meist ein angemietetes Lager besser.

Zu Punkt 4.: Bei der Festlegung der Lagerbestände ist zunächst zu entscheiden, ob alle Produkte in allen Lagern zu bevorraten sind oder bestimmte Produkte nur in ausgewählten Lagern bereitgehalten werden sollen. Dafür ist das Bestellverhalten Ihrer Kunden im Hinblick auf Bestellzyklen, Bestellmengen und Bestellpunkte zu analysieren. Weitere Entscheidungsfaktoren sind der Wiederbeschaffungsrhythmus der Produkte am Lager sowie die Sicherheitsbestände der einzelnen Lager, um bei kurzfristig auftretenden Nachfrageüberhängen das Dienstleistungsniveau halten zu können. Wägen Sie hier die Kosten von Bestellung und Lieferung gegenüber den Lagerhaltungskosten ab (vgl. Bruhn, Marketing, S. 273 ff.).

i

Die Bedeutung sogenannter Just-in-time-Liefersysteme nimmt weiter zu. Der Hersteller konzentriert sich dabei auf kleine Lager, die häufig nur für ein paar Tage ausreichen. Neue Lieferungen gehen erst dann ein, wenn sie wirklich akut gebraucht werden. Damit soll vermieden werden, dass Ware, die erst später benötigt wird, unnötig gelagert wird. Wenn Sie sich für dieses System interessieren, dann sind genaue Bedarfsvorhersagen und ein schnelles, flexibles und leistungsfähiges Belieferungssystem notwendig. Sie müssen also in engen zeitlichen Abständen liefern können, damit die Produkte dann verfügbar sind, wenn sie gebraucht werden. Sie sparen sich mit diesem System Kosten für die Lagerung und den internen Transport. Just-in-time-Belieferungen werden in erster Linie bei Produkten mit einem hohen Verbrauchswert sowie einer guten Vorhersagbarkeit der Verbrauchsmengen eingesetzt (vgl. Kotler, Grundlagen des Marketing, S. 1064).

c) Transportwesen

Das Transportsystem ist dafür da, dass räumliche Distanzen – i.d.R. geografisch auseinanderliegende Orte – effizient überbrückt werden. Die Produkte werden von den Produktionsstätten zu den verschiedenen Stufen von Außenlagern und von diesen zu den Kunden bzw. deren Lagern transportiert. Die Wahl der Transportart und des Transportunternehmens beeinflusst die Preiskalkulation, die Leistungsfähigkeit der Belieferung und den Zustand der Waren, wenn sie beim Kunden ankommen. Für die Auswahl der geeigneten Transportmittel sind folgende Kriterien zu bewerten:

- Transportkosten und Kostenauswirkungen auf andere Bereiche
- Transportzeit der Transporte
- Flexibilität und Verfügbarkeit des Einsatzes
- Vernetzungsfähigkeit der Transportmittel
- Anfangs- und Endpunkte der Transportmittel
- Eignung der Transportmittel aus technischer Sicht
- Nebenleistungen der Transportmittel (z.B. Leergutrücknahme)

Was die generelle Eignung der einzelnen Transportalternativen betrifft, so lassen sich ganz bestimmte Eigenschaften erkennen (vgl. Becker, Marketing-Konzeption, S. 561):

Auswahlkriterien	**Transportalternativen**			
	Schiene	**Wasser**	**Straße**	**Luft**
Geschwindigkeit	mittel	am langsamsten	schnell	am schnellsten
Transportkosten	mittel	am niedrigsten	hoch	am höchsten
Verlässlichkeit der Auslieferungszeit	mittel	schlecht	gut	gut
Flexibilität (Produktvielfalt)	größte Vielfalt	sehr große Vielfalt	mittel	begrenzt
Verfügbarkeit (geografisch)	sehr umfangreich	begrenzt	unbegrenzt	umfangreich

Einen Einblick in die Vielfalt vertriebspolitischer Fragestellungen gibt das folgende Beispiel:

Beispiel: Verbesserte Schnittstellenkommunikation

Im Zuge der Einführung des Onlinevertriebs möchte der Schraubenhersteller Kochel die Schnittstellenkommunikation zwischen ihm (Hersteller) und seinen Kunden (Händler) verbessern. Seine Kunden sollen von nun an jederzeit Zugang zu Informationen über den Status ihrer Warenbestellung haben und Ware auch per Knopfdruck bestellen können. Wie bei Amazon bekommt jeder Kunde ein Benutzerkonto, über das Bestellungen jederzeit möglich sind. Zugleich erhält der Kunde Informationen über Verfügbarkeit und voraussichtliche Liefertermine.

Für die Optimierung seiner Lagerbestände strukturiert er die Lager etwas um. Die Schrauben, die durch ihre Größe und Menge nicht per Post verschickt werden können, lässt er in ein Zentrallager bringen, da diese nicht so schnell und häufig angefordert werden. Die leichten und kleinen Schraubenpakete werden direkt vom Eigenlager aus versendet, da diese regelmäßig bezogen werden und somit kaum Lagerkosten verursachen.

Checkliste: Vertrieb	**Ja**	**Nein**
Vertriebsstrategie		
☐ *Hat Ihr Unternehmen ein gutes Image im Markt (Service, Kompetenz usw.)?*		
☐ *Werden in der Präsentation und im Verkauf die Möglichkeiten der modernen Informations- und Kommunikationstechnologien optimiert eingesetzt?*		
☐ *Hat Ihr Unternehmen aufgrund sorgfältiger Analyse eine E-Commerce-Strategie (Omnichannel-Strategie) definiert?*		
Vertriebsorganisation/Schulungen		
☐ *Verfolgt Ihr Unternehmen im Fall des indirekten Vertriebs eine partnerschaftliche Beziehung zu den Absatzmittlern?*		
☐ *Werden neue Vertriebsmitarbeiter eingearbeitet?*		
☐ *Werden auch externe Vertriebspartner geschult und systematisch auf die Kundenkontakte vorbereitet?*		
☐ *Werden Seminare bzw. Weiterbildungsveranstaltungen besucht?*		
☐ *Haben die Verkaufsorgane aktuelle Informationen/Wissen über die Produkte, die sie vertreiben sollen?*		

Checkliste: Vertrieb	Ja	Nein
☐ *Besteht eine Nutzenargumentation für eine Produktinnovation/Neuentwicklung eines Produkts?*		
☐ *Gibt es einen Telefonleitfaden für das Customer-Care-Center?*		
Auftragslogistik		
☐ *Werden die Lager effizient genutzt?*		
☐ *Ist die Wahl der Transportwege besser zu organisieren, um Zeit und Kosten zu sparen?*		
Kundenbeziehungsmanagement		
☐ *Wird die Vertriebsdatenbank regelmäßig analysiert und gepflegt?*		
☐ *Werden regelmäßig Kundenbefragungen durchgeführt?*		
☐ *Wurde eine Strategie zur Neukundengewinnung entwickelt?*		
☐ *Sind Maßnahmen zur Steigerung der Kundenzufriedenheit erarbeitet worden?*		

Setzen Sie sich Ziele in der Produktpolitik:

✔

Checkliste: Ziele in der Produktpolitik	Antworten
☐ *Was sind die Ziele Ihrer Vertriebspolitik?*	
☐ *Wie steht es um die momentane Vertriebssituation im Betrieb?*	
☐ *Welche Vertriebsstrategie ist einzusetzen?*	
☐ *Wie hoch kann bzw. soll das Budget für die Vertriebsaktivitäten sein?*	
☐ *Welche Vertriebsaktivitäten wollen Sie umsetzen?*	
☐ *Wie wurde in der Vergangenheit auf die Vertriebsaktivitäten reagiert?*	

8. Kapitel

So hinterlassen Sie bei Ihren Kunden einen positiven Eindruck

8

Modernes Marketing bedeutet nicht nur, ein gutes Produkt zu entwickeln, es mit einem attraktiven Preis zu versehen und dann den Kunden anzubieten, sondern auch die Kommunikation des Unternehmens mit seinen Kunden bzw. potenziellen Kunden. Doch welche Mittel müssen Sie einsetzen, damit Ihre Produkte wahrgenommen werden, und wie schaffen Sie es, in den Köpfen der Kunden positiv belegt zu sein? Das Unternehmen sollte sich nicht die Frage stellen, ob etwas kommuniziert werden muss, sondern eher, was wie zu kommunizieren ist. Zu den wichtigsten Elementen der klassischen Kommunikationspolitik gehören

- die Öffentlichkeitsarbeit (PR oder Public Relations),
- die Verkaufsförderung und
- die Werbung.

Achtes Gebot: Es gibt keine zweite Chance für den ersten Eindruck

Bemühen Sie sich um ein hervorragendes Auftreten, um einen positiven Eindruck in den Köpfen Ihrer Kunden zu hinterlassen. Es gibt keine zweite Chance für den ersten Eindruck.

I. Corporate Identity als Grundlage

Grundlage aller Kommunikationsaktivitäten eines Unternehmens ist der einheitliche Unternehmensauftritt. Der Fachbegriff dafür lautet „Corporate Identity" (CI). Dies ist ein relativ komplizierter Begriff für einen einfachen Sachverhalt: Wer die Aufmerksamkeit, die Sympathie und das Vertrauen anderer erwecken will, muss Zeichen geben, die eindeutig und unmissverständlich besagen: „Hier bin ich! Das bin ich! So bin ich!“ (vgl. Lengert, Herausforderung Zukunft).

Kontinuität und Glaubwürdigkeit sind die wichtigsten Faktoren für die überzeugende Identität einer Person und eines Unternehmens. Wenn Sie als Unternehmenspersönlichkeit identifiziert und ernst genommen werden wollen, müssen Sie zu erkennen geben, wer Sie sind, für welche Werte Sie stehen und welche unternehmerische Haltung Sie einnehmen. Wichtigste Forderung ist dabei, dass Sie sich auch in Ihrem Geschäftsgebaren den von Ihnen in Anspruch genommenen Werten entsprechend verhalten, denn laut Lengert (Herausforderung Zukunft) ist Identität „die Übereinstimmung von Anspruch und Wirklichkeit.“

Diese Übereinstimmung von Anspruch und Wirklichkeit beginnt bei der Art und Weise, wie Sie Ihren Kunden und der Öffentlichkeit gegenüber auftreten, dem Corporate Design. Corporate Design ist die Summe aller gestalterischen Äußerungen eines Unternehmens seinen Kunden, seinen Mitarbeitern und der Öffentlichkeit gegenüber. Dazu gehören in erster Linie Dinge wie das Firmenlogo bzw. der Firmenname als Wortmarke und die Produkte und Dienstleistungen, denn mit den Produkten kommt der Kunde und Benutzer am intensivsten in Berührung. Weiter gehören dazu: Produktverpackungen, Anzeigen, Prospekte und andere Werbemittel, Briefpapier, Visitenkarten, aber auch, falls vorhanden, Messestände, der Eingangsbereich im Unternehmensgebäude bzw. die Geschäftseinrichtung usw.

All diese CI-Komponenten müssen so gestaltet sein, dass sie dieselbe gestalterische Handschrift erkennen lassen. Dabei müssen sie nicht nur zueinander passen, also visuell kompatibel sein, sondern sie sollten sich in ihrer Wirkung gegenseitig verstärken. Auf jeden Fall aber sollten sie unisono die Botschaft verkünden, die die Identität des jeweiligen Unternehmens ausmacht.

Beispiele für eine gelungene Corporate Identity, die die Identität eines Unternehmens prägt und auf Anhieb erkennbar macht, gibt es viele. Um nur einige zu nennen: die Deutsche Post mit ihrer „postgelben“ Firmenfarbe, McDonald’s mit den bunten Farben, dem Big Mac und den knackigen Werbesprüchen, die Zigarettenmarken mit ihren firmentypischen Farben, Fotos und Filmszenen. Übertragen auf die kleinen und mittelständischen Unternehmen bedeutet dies, eine eindeutige Erkennbarkeit im regionalen Markt und bei den Kunden herzustellen.

Überall dort, wo die Konkurrenz groß ist und wo man sich über das Produkt oder die Dienstleistung nicht auf Anhieb differenzieren kann, spielt die Corporate Identity bei der Positionierung in den Augen des Kunden eine besondere Rolle.

Beispiel: Die Bedeutung der Corporate Identity

Ein besonderes Beispiel für die Bedeutung der Corporate Identity als Mittel der Unternehmensstrategie zur Positionierung im Markt sind die Tankstellen. Bei ihnen ist das Produkt nicht nur gleich, sondern identisch, sogar genormt. Man könnte also bedenkenlos jede x-beliebige Tankstelle anfahren, weil man sich sicher sein kann, dass man überall dieselbe Treibstoffqualität erhält. Trotzdem nehmen viele Kunden wesentlich höhere Preise in Kauf, um „ihre" Marke zu tanken.

Das heißt: Wir agieren nicht logisch, sondern „psycho-logisch". Wir reagieren auf das Erscheinungsbild der Tankstellen, auf die ästhetische und atmosphärische Wirkung des Corporate Design: Aral fließt blau, Shell lockt mit der gelben Muschel und Esso hat den roten Tiger im Tank.

II. Die richtige Kommunikationspolitik

Hilfreiche Schritte für eine effiziente Kommunikationsplanung sind:

1. Identifikation der Zielgruppe
2. Festlegung der Kommunikationsziele
3. Entwurf der Botschaft
4. Auswahl der Medien
5. Festlegung des Kommunikationsbudgets
6. Festlegung der Kommunikationsaktivitäten
7. Kommunikationskontrolle durch Feedback

1. Identifikation der Zielgruppe

Die Zielgruppe kann aus Kaufinteressenten oder gegenwärtigen Benutzern bestehen. Es können aber auch diejenigen sein, die die Kaufentscheidungen treffen oder beeinflussen. Dabei handelt es sich meist um Einzelpersonen, Gruppen oder die allgemeine Öffentlichkeit. Je nach Zielgruppe wird variiert, was gesagt wird, wie es gesagt wird, wann es gesagt wird, wo es gesagt wird und wer es sagt. Die Realisierung einer differenzierten Kommunikationsarbeit setzt voraus, dass die relevanten Zielgruppen zunächst identifiziert und beschrieben werden und ihre Erreichbarkeit ermittelt wird.

Beispiel: Zielgruppenidentifikation für ein Sonnenbrillenmailing

Die Identifikation der Zielgruppen für ein Sonnenbrillenmailing sieht am Beispiel von Top Optik wie folgt aus:

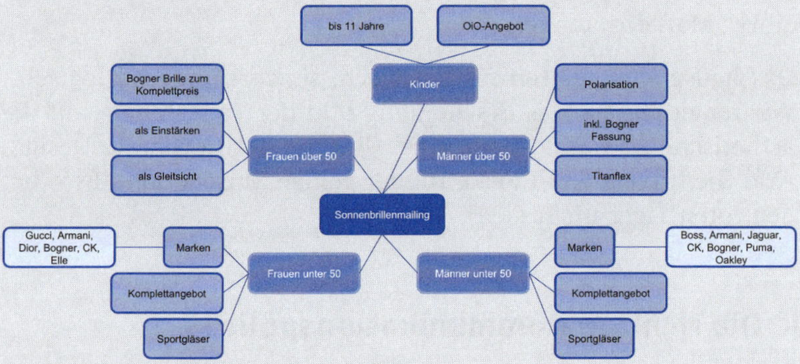

Quelle: Volker Meyer, Optimum Bruchköbel

Abb. 28: Mindmap Sonnenbrillenmailing

2. Festlegung der Kommunikationsziele

Das Ziel eines jeden Unternehmens wird sein, dass der Kunde das Produkt kauft. Vorher aber durchläuft der potenzielle Kunde einen längeren Prozess der Entscheidungsfindung. Für Sie ist es wichtig zu wissen, in welcher Phase dieses Prozesses sich Ihre Zielgruppe momentan befindet und bis zu welchen Punkt sie noch bewegt werden muss. Sie müssen also herausfinden, ob der Kunde bereit ist, sich für Ihr Angebot zu interessieren und zu entscheiden.

Ziel und Zweck der Marketingkommunikation ist es, den Kaufinteressenten durch die verschiedenen Stadien der Kaufentscheidungsfindung zu begleiten, um dann schließlich zu erreichen, dass er kauft. Die Käufer durchlaufen normalerweise sechs Phasen (vgl. Kotler, Grundlagen des Marketing, S. 859), bevor sie etwas kaufen. Diese sechs Phasen der Kaufbereitschaft sind:

1. Bewusstsein, dass es das Produkt gibt
2. Genaueres Wissen über das Produkt
3. Sympathie für das Produkt
4. Präferenz oder Vorliebe für das Produkt
5. Überzeugung, dass das Produkt das am besten geeignete ist
6. Kaufentschluss zugunsten dieses Produkts

Versuchen Sie also zunächst, ein Bewusstsein in den Köpfen der Zielgruppe aufzubauen, dass es Ihr Produkt gibt. Die Zielgruppe soll bei Erwähnung des Produkts oder Unternehmens den Namen erkennen. Verwenden Sie dafür einfache Botschaften, die lediglich den Namen Ihres Unternehmens oder des Produkts wiederholt wiedergeben.

Der nächste Schritt ist herauszufinden, wie viele Menschen Ihrer Zielgruppe wie viel über Ihr Angebot wissen. Wenn kaum Detailwissen vorhanden ist, könnten Sie das als erstes Ziel Ihrer Kommunikation ansehen.

Ist das Produkt nun bekannt, stellt sich die Frage, ob Ihre Zielgruppe es auch mag. Wenn Ihre Zielgruppe eine schlechte Meinung von Ihrem Angebot hat, sollten Sie herausfinden, warum das so ist, und eine Kampagne entwickeln, die positivere Gefühle hervorruft. Handelt es sich bei dem schlechten Ruf um tatsächliche Probleme bzw. Mängel, kann Kommunikation allein das Problem nicht lösen; die Ursache des Problems muss gefunden und behoben werden.

Ist die Sympathie für das Produkt zwar vorhanden, bevorzugt die Zielgruppe aber andere Produkte, sollten Sie versuchen, Präferenzen bei den Kunden aufzubauen, indem Sie z.B. die Qualität, anspruchsvolles Ambiente und freundlichen Service herausstellen. Bevorzugen Ihre potenziellen Kunden dann immer noch andere Unternehmen, sollten Sie intern feststellen, auf welchem Gebiet Sie selbst sehr stark sind und wo es Schwächen gibt (vgl. Kapitel 1 zur SWOT-Analyse). Darauf aufbauend können Sie dann Ihre Vorteile stabilisieren und werblich herausstellen bzw. die noch bestehenden Defizite korrigieren.

Haben die Mitglieder Ihrer Zielgruppe eine Vorliebe entwickelt, sind aber noch nicht überzeugt davon, dass sie das Produkt kaufen werden, müssen Sie diese Überzeugung aufbauen.

3. Entwurf der Botschaft

Wenn Sie entschieden haben, welche Reaktion Sie bei der Zielgruppe hervorrufen wollen, müssen Sie die passende Botschaft dafür finden, um Aufmerksamkeit, Interesse, den Wunsch nach dem Produkt zu wecken – und damit letztendlich die Kaufaktion in Gang zu setzen.

Zur Gestaltung der Botschaft gehört die Frage: Was soll vermittelt werden? Wägen Sie ab, ob Sie Ihre Zielgruppe sachlich, rational oder emotional ansprechen.

- Eine rein informative und argumentative Gestaltung ist sinnvoll, wenn die Kunden ein höheres Kaufrisiko wahrnehmen, etwa bei langlebigen Produkten wie Computern oder Autos. Hier werden die technischen Eigenschaften, Leistungsfähigkeit und Sicherheit, aber auch die Wirtschaftlichkeit des Produkts in den Vordergrund gestellt.
- Handelt es sich hingegen um Dienstleistungen oder Produkte, die ein geringes Kaufrisiko für den Konsumenten darstellen, dann ist der emotionale Weg zur Kaufmotivation der bessere. Mit diesen Botschaften werden positive oder negative Emotionen ausgelöst, um potenzielle Kunden zum Kauf zu bewegen. Darunter fallen Gefühle wie z.B. Angst, Scham, Schuldgefühle, Humor, Stolz, Sympathie, positive Lebensgefühle oder Erfolg.

Beispiel: Die Gestaltung der Botschaft

Ein Schraubenhersteller könnte seine Zielgruppe emotional ansprechen, indem er das Gefühl „Humor“ vermittelt mit der Botschaft: „Bei dir sind wohl ein paar Schrauben locker! Kopf hoch, wir haben genug auf Lager.“

Der Fahrradhersteller hingegen könnte informativ vorgehen und das technische Design, hohe Leistungsfähigkeit und die flexiblen Einsatzmöglichkeiten des Bikes betonen.

Ist der Inhalt der Botschaft klar, müssen Sie ein Erscheinungsbild für deren Übermittlung festlegen. Hier kommt es auf das benutzte

Medium an, z.B. optische Zeichen (Worte, Texte) oder Bildzeichen (Bilder, Symbole).

Bei den Printmedien, also gedruckten Botschaften, ist in Bezug auf Überschrift, Platzierung im Medium, typografische Gestaltung, Illustration und Farbgestaltung sorgfältig zu arbeiten. Neuartige Layouts, Bilder als Blickfang und besondere Formate sollten kreativ zusammengestellt werden, damit sich ein maximaler Aufmerksamkeitswert ergibt. Hier ist es oft hilfreich, einen Spezialisten (Werbeagentur) zu engagieren, der aus Erfahrung weiß, welche Details wichtig sind.

Wird der Inhalt der Botschaft mittels audio-visuellen Medien vermittelt, sind die akustischen Zeichen sorgfältig aufeinander abzustimmen. Worte, Vertonung, Stimme, Sprecher und Körpersprache müssen mit dem Produkt in Verbindung gebracht werden können.

Durch die steigende Informationsüberlastung des Konsumenten ist es schwieriger geworden, die Aufmerksamkeit bei der Zielgruppe zu erwecken. Daher spielt das Arbeiten mit Bildern eine zentrale Rolle, da diese schneller und intensiver auf Menschen wirken. Überprüfen Sie, ob Ihre Botschaften folgende Kriterien erfüllen:

Checkliste: Botschaft	**Ja**	**Nein**
☐ *Ist Ihre Zielgruppe an der Botschaft interessiert?*		
☐ *Enthält die Botschaft neue Fakten über das Produkt oder die Marke (Informationen erwecken Interesse)?*		
☐ *Beinhaltet die Botschaft Kreativität, Innovation und Originalität?*		
☐ *Verbindet die Zielgruppe einen Nutzen mit Ihrer Botschaft?*		
☐ *Ist die Botschaft überzeugend und logisch richtig aufgebaut?*		
☐ *Ist das gewählte Medium für eine kurze, knappe Übermittlung der Botschaft das am besten geeignete?*		

4. Auswahl der Medien

Nun legen Sie fest, wer die Botschaft überbringen soll. In der Regel läuft die Kommunikation über zwei Kanäle:

- die Kommunikation über einen Menschen als Werbeträger und
- die Kommunikation ohne Mensch, die über die Medien stattfindet.

Die Kommunikation von Mensch zu Mensch (Mundpropaganda bzw. Empfehlungsmarketing) kann sehr effizient sein, da die Zielpersonen direkt (persönlich oder telefonisch) angesprochen werden und dadurch ein sofortiges Feedback möglich ist. Dafür kann z.B. ein Kommunikationsmittler eingesetzt werden. Ein wichtiger Kommunikationsweg sind interpersonelle Beziehungen.

- Sie können versuchen, Ihre Produkte an bekannte Personen oder Unternehmen zu liefern, die dann wiederum weitere Interessenten beeinflussen, Ihre Produkte zu kaufen.
- Sie können versuchen, Meinungsführer zugunsten Ihrer Produkte aufzubauen. Dies können z.B. Persönlichkeiten übernehmen, die eine Vorbildfunktion haben.
- Sie können bekannte Persönlichkeiten in Ihrer Werbung einsetzen, die zu Gesprächen über Ihr Produkt anregen.
- Die Botschaften, die aus sehr glaubwürdigen Quellen stammen, überzeugen eher. Wenn Sie z.B. direkt bei Fachleuten bzw. Experten mit Ihren Produkten werben, dann hinterlässt Ihr Unternehmen automatisch einen kompetenten Eindruck (vgl. Kotler, Grundlagen des Marketing, S. 859 ff.).

Beispiel: Werbung bei Fachleuten

Im Fall des Fahrradherstellers könnte das z.B. ein Outdoorladen sein, der Broschüren über das neue Downhill-Bike ausliegen hat und die Firma für diese Disziplin empfiehlt.

Zur Kommunikation ohne persönlichen Kontakt gehören die Medien und ein angenehmes Ambiente im Geschäft. Folgende Medien stehen Ihnen zur Verfügung:

- Druckmedien: Zeitschriften, Fachzeitschriften, Tages- und Wochenzeitungen, Direktwerbung
- elektronische Medien: Hörfunk, Fernsehen, Internet

- online: Facebook, Instagramm
- Medien im öffentlichen Raum: Schaufensterdekorationen, Plakatsäulen, Werbung in öffentlichen Verkehrsmitteln, Leuchtschriften, Trikots von Sportlern, Sponsoring usw.
- Besondere Medien: Messen, Ausstellungen, Kongresse

5. Festlegung des Kommunikationsbudgets

Für die Höhe des Budgets für den Kommunikationsbereich gibt es kein Allgemeinrezept, da dies je nach Branche stark variiert. Am besten wenden Sie verschiedene Ermittlungsverfahren an, um danach einen optimalen Mittelwert bilden zu können.

Eine Möglichkeit ist, das Budget als Prozentsatz des Umsatzes, Gewinns oder Deckungsbeitrags zu berechnen. Hierbei können Sie sich an den Werten der letzten Periode oder am Durchschnitt aus mehreren vorangegangenen Perioden orientieren. Der Prozentsatz hängt ab

- von der jeweiligen Branche,
- vom Wettbewerbsgrad,
- vom Werbedruck,
- von der Marktstellung des Unternehmens und
- von dessen Marketingstrategie.

Je nach Branche kann er zwei bis drei, aber auch 30 Prozent vom Umsatz betragen. Die Formel für das Werbebudget lautet dann:

$$\text{Werbebudget} = \frac{\text{Umsatz} \times \text{Prozentsatz}}{100}$$

Bei diesem Verfahren sollte Ihnen jedoch bewusst sein, dass bei sinkenden Umsätzen bzw. Gewinnen zugleich das Werbebudget reduziert wird und dies wiederum zu sinkenden Umsätzen bzw. Gewinnen führen kann. Bei diesem Ansatz ist also schon die Grundüberlegung kritisch. Der Umsatz soll nicht das Werbebudget bestimmen, sondern Ergebnis der Werbung sein.

Sie können Ihr Werbebudget auch nach der Höhe der Werbeausgaben der Konkurrenz bestimmen: Orientieren Sie sich mitunter daran, wie viel Ihre Konkurrenten für Werbung und Absatzförderung ausgeben, und machen Sie diese Zahlen zur Richtgröße für Ihre Werbeanstrengungen. Beobachten und analysieren Sie die Werbeaktionen Ihrer Konkurrenten oder verwenden Sie Daten der Handelskammern/Industrieverbände, die Schätzungen des Prozentsatzes am Umsatz der jeweiligen Branche ausgeben. Vergessen Sie dabei aber nicht, dass sich die Werbeausgaben der Konkurrenz nicht unbedingt für Ihre eigenen Interessen im Unternehmen eignen.

Die aufwendigste, aber logischste Methode zur Ermittlung des Werbebudgets, ist die Betrachtung der Werbeziele, um zu kalkulieren, welche Kosten für die beabsichtigten Werbemaßnahmen anfallen. Definieren Sie dafür alle Ziele im Einzelnen und bestimmen Sie die jeweiligen Teilaufgaben, mit denen Sie diese erreichen wollen. Stellen Sie fest, welcher Grad der Zielerreichung zu erwarten ist, wenn bestimmte Parameter (z.B. Art der Medien, Häufigkeit der Werbung usw.) festgelegt werden. Danach schätzen Sie die Kosten, die für die einzelnen Alternativen zur Zielerreichung notwendig sind, und addieren diese. Die Summe des Aufwands für all diese Werbemaßnahmen ist dann Ihr Budget.

6. Festlegung der Kommunikationsaktivitäten

Zu den Kommunikationsaktivitäten zählen

- Werbung,
- Verkaufsförderung,
- Öffentlichkeitsarbeit (Public Relations (PR) und Corporate Identity),
- Direct Marketing und Onlinewerbung.

Beispiel: Werbeideensammlung eines Fitnessstudios

Die Werbeideensammlung eines Fitnessstudios sieht am konkreten Beispiel des Studios Fit&Fair wie folgt aus:

- Casting-Aktion für neues Fitness Model
- Ernährungsführerschein
- Couponkarte
- Frühlings- bzw. Sommerkampagnen wie z.B. „Strandfit“ und „Wunschfigur in 12 Wochen“

- gesunde Rezepte für jedermann
- Leistungsfolder – Imagebroschüre
- Probekurse + Training
- Kundenzeitung mit wertvollen Tipps
- sportliche Postkarten
- RUN-an-den-Speck-Marathon
- Kooperation mit Club in der Region („Tanz dich fit“)
- Kundenzufriedenheitsbefragung
- Großflächenplakate
- Gutscheinbrief zum Geburtstag
- Nike-Event
- Oster-Gewinnspiel
- Senioren-Vortrag zum Thema „Fitness im Alter“
- Adventsaktionen
- Beratungswoche „Gesund abnehmen“
- Freigetränke an Feiertagen

Durch diese zahlreichen Werbemethoden kann das Fitnessstudio auf sich aufmerksam machen, Mitglieder bei ihrer Mitgliedschaft bestärken und bei potenziellen Mitgliedern einen positiven Eindruck hinterlassen. Die regelmäßige öffentliche Präsenz des Fitnessstudios hat einen guten Einfluss auf sein Image und bewirkt, dass die Menschen über dieses Studio sprechen.

7. Kommunikationskontrolle durch Feedback

Dies sind die wesentlichen Faktoren, um die Kunden Ihres Unternehmens zu begeistern:

- die Dinge richtig sehen,
- Zufriedenheit garantieren,
- Versprechen einlösen,

- Sympathie herstellen,
- Beschwerden annehmen und
- sich Details hingeben.

Interessant ist der Prozess der Kundenbeziehung: Was erleben Ihre Kunden in der Beziehung mit Ihrem Unternehmen? Am einfachsten finden Sie das über eine Kundenbefragung heraus, die folgende Themenkomplexe beinhalten könnte:

Kundenbefragung	Antworten
1. Werbemittel ▪ Wie wurden Sie auf unser Unternehmen aufmerksam? ▪ Schildern Sie Ihre Eindrücke beim Durchlesen unserer Informationsbroschüre bzw. unserer Homepage. ▪ Was haben Sie über unser Unternehmen in der Zeitung gelesen?	
2. Anbahnung ▪ Wie finden Sie unsere Öffnungszeiten? ▪ Wie gut ist unser Unternehmen im Ort zu finden? ▪ Wie verlief Ihr erster direkter Kontakt mit unserem Unternehmen? ▪ Wie einfach oder aufwendig haben Sie die Vereinbarung des ersten Termins bei uns empfunden?	
3. Beratung ▪ Wie fanden Sie die Beratung in Bezug auf Ihr Anliegen? ▪ Inwieweit wurden Sie bei der Auswahl und Beschaffung weiterer Informationen unterstützt? ▪ Inwieweit wurde auf Ihre Vorstellungen und Terminwünsche Rücksicht genommen?	
4. Rahmenbedingungen ▪ Wie empfanden Sie die Atmosphäre während des Kontakts mit unserem Unternehmen? ▪ Wie beurteilen Sie die technische Ausstattung unseres Unternehmens?	

Kundenbefragung	Antworten
5. Durchführung ▪ Was ist Ihnen an unseren Mitarbeitern besonders aufgefallen? ▪ Wie zufrieden sind Sie mit den von unserem Unternehmen verwendeten Inhaltsstoffen/Materialien usw.? ▪ Als wie gut empfanden Sie die Möglichkeiten, während der Auftragsdurchführung noch Änderungen vornehmen zu lassen? ▪ Wie kümmerten sich unsere Mitarbeiter um Ihre Fragen rund um den Auftrag? ▪ Wie zufrieden sind Sie mit der Abwicklung des Auftrags? ▪ Welche Möglichkeiten hatten Sie, Ihre Meinung zur Ausführung zu äußern?	
6. Kundenpflege ▪ Wie zufrieden sind Sie mit der Prozess der Rechnungsstellung? ▪ Wie gut wurden Sie nach der Fertigstellung beraten und betreut? ▪ Wodurch fühlen Sie sich als treuer Kunde bevorzugt? ▪ Wofür würden Sie unser Unternehmen weiterempfehlen? ▪ Wem würden Sie unser Unternehmen weiterempfehlen?	

III. Chancen und Risiken einer Social-Media-Kommunikation

Die starke Veränderung privater und unternehmerischer Kommunikation ist auf die Digitalisierung zurückzuführen. Zum Austausch mit Freunden und zur Informationsbeschaffung werden WhatsApp und das Internet heute ganz selbstverständlich genutzt. Die Menschen informieren sich mit einem Klick – über Smartphone oder Laptop, von zu Hause oder in der S-Bahn, zu jeder Tages- und Nachtzeit usw. Persönliche Nachrichten werden häufig nonverbal über das Internet kommuniziert. Diese Kommunikation findet mithilfe von sozialen Netzwerken (und auch dementsprechenden Apps) online statt.

Neben der Beschaffung von Informationen dient die Social-Media-Kommunikation aber auch dem Austausch von Eindrücken, Erfahrungen und Meinungen, die für Unternehmen wertvoll sein können. Der von Unternehmen durch Werbung (z.B. TV-Werbung, Radiowerbung) ausgehende Monolog wird hier zum Dialog. Auf diese Weise wirken Kunden aktiv bei der Erstellung und Optimierung von Produkten und Dienstleistungen mit. Dies wird mit dem Begriff „Prosumer“ beschrieben. Dieser setzt sich aus den beiden Wörtern „Produzent“ und „Consumer“ zusammen. Durch soziale Netzwerke wie Facebook, Twitter, Instagram oder XING ist es Unternehmen möglich, den Kunden aktiv in das Unternehmensgeschehen mit einzubeziehen. Die Erfahrungen von Kunden können kritisch analysiert und für konstruktive Lösungsansätze genutzt werden. Da diese Art der Kommunikation zwischen Konsument und Unternehmen ein großes Potenzial zur Erhöhung der Kundenzufriedenheit darstellt und die Kundenbindung verbessern kann, sollten auch Sie über eine Social-Media-Kommunikation für Ihr Unternehmen nachdenken, dabei aber die Chancen und Risiken und den Aufwand und Ertrag der Aktivitäten in den einzelnen Medien abwägen.

Social-Media-Kommunikation	
Chancen	**Risiken**
Schneller Kontakt zum Kunden	Schnelle Reaktionen notwendig
Wertvolles Feedback für Produkte und Dienstleistungen	Negative Bewertungen beeinflussen andere (potenzielle) Kunden
Frustrierten Kunden kann zeitnahe Problemlösung vorgeschlagen werden	Keine Kontrolle über Inhalte der Beiträge
Dialog statt Monolog	Schnelle Verbreitung von falschen Äußerungen kann Image schaden
Unternehmen ist transparenter für Kunden	Zeitaufwendig, da auf jeden Beitrag geantwortet werden sollte
Kostengünstige Kommunikation mit Kunden	
Bekanntheit des Unternehmens wird gesteigert	

Chancen und Risiken einer Social-Media-Kommunikation (vgl. Bruhn, Marketing, S. 240)

Eine Bewertung bzw. Erfahrungen mit einem Unternehmen findet man heutzutage nahezu in jeder Branche im Internet, mit oder ohne Beteiligung des jeweiligen Unternehmens. Social Media bieten Unternehmen eine optimale Plattform, um mehr über die Wünsche und Erwartungen der Kunden zu erfahren. Es liegt allein an Ihnen, diese Möglichkeiten auszuschöpfen und davon zu profitieren. Die Präsenz in sozialen Netzwerken bringt jedoch nicht nur Vorteile. Die Profile müssen gepflegt und regelmäßig aktualisiert werden, sodass sie nicht „verwaisen“. Überlegen Sie sich deshalb gut, ob diese Art der Kommunikation für Sie infrage kommt und ob sich der Aufwand für Sie lohnt.

Die junge Generation, die ein großes zukünftiges Konsumpotenzial hat, wächst heute mit Instagramm, Facebook und Co. auf. Behalten Sie dies im Hinterkopf. Und wem würden Sie mehr Vertrauen schenken – Freunden und Bekannten oder einer Werbung? Jeder aktive Facebook-Nutzer hat weitaus mehr Facebook-Freunde, als er täglich im realen Leben treffen könnte. Die Empfehlungen dieser Freunde sieht er jeden Tag im Onlinenetzwerk.

Die Betreuung einer Facebook-Seite ist zeitintensiv, da auf der Facebook-Seite immer was los sein sollte. Ein Plan, der regelt, wann welcher Post online geht und wer für die Inhalte zuständig ist, ist sicherlich sehr hilfreich. Im Beispiel des Fitnessstudios Fit&Fair könnte wöchentlich ein Eintrag veröffentlicht werden, der wertvolle Ernährungstipps evtl. kombiniert mit Rezepten von Jamie Oliver gibt.

In der Kommunikationspolitik ist es essenziell, sich Ziele zu setzen. Die folgende Checkliste soll Ihnen bei der Verfassung der Ziele für Ihr Unternehmen behilflich sein:

✔

Checkliste: Ziele in der Kommunikationspolitik	**Antwort**
☐ *Welche Zielgruppen möchten Sie ansprechen?*	
☐ *Welche sind Ihre Hauptkommunikationsziele?*	
☐ *Wie soll der Kunde Ihr Unternehmen wahrnehmen?*	
☐ *Welche Botschaft wollen Sie vermitteln?*	
☐ *Welche Medien setzen Sie zur Übermittlung der Botschaft ein?*	

Checkliste: Ziele in der Kommunikationspolitik	**Antwort**
☐ *Ist die Social-Media-Kommunikation für Sie von Vorteil (Abwägung Chancen/Risiken)?*	
☐ *Wie viel Budget ist für den geplanten Kommunikationsmix notwendig?*	
☐ *Welche Kommunikationsaktivitäten sind zu planen?*	
☐ *Welche Wirkung zeigten Ihre Werbemaßnahmen in der Vergangenheit (Werbeerfolgskontrolle)?*	

9. Kapitel

Marketingcontrolling: So kontrollieren und steuern Sie Ihre Marketingaktivitäten

9

Es ist unumgänglich und aufschlussreich für Planungen, den Zielerreichungsgrad der Marketingmaßnahmen zu prüfen und entsprechend steuernd in die Marketingplanung einzugreifen. Dazu dient das strategische Marketingcontrolling. Controlling heißt eben nicht nur kontrollieren, auch wenn der Begriff nach wie vor fälschlicherweise häufig so übersetzt wird. Hinter dem angelsächsischen Ausdruck „to control" verbirgt sich auch das Lenken und Steuern – in diesem Fall der Marketingentscheidungen und -aktivitäten.

Ein Marketingcontrolling ist also in erster Linie nicht mit der Aufgabe des Kontrollierens beschäftigt, sondern hat eine Informations-, Planungs- und Steuerungsfunktion inne und soll die Unternehmensführung durch betriebswirtschaftlichen Service im Sinne einer zielorientierten Marketingplanung und -steuerung unterstützen.

Beispiel: Durch Controlling die Finanzierung in den Griff bekommen

Andrea Müller betreibt ein Unternehmen, das mit Modeschmuckaccessoires handelt und diese auch teilweise herstellt. Erst als das Unternehmen vor zwei Jahren in größere Zahlungsschwierigkeiten geriet, begann Frau Müller, ein Marketingcontrolling zu installieren. Dadurch konnte sie feststellen, dass einige ihrer Produkte teurer hergestellt als verkauft wurden. Nachdem sie diese Produkte aus ihrem Sortiment genommen hatte, bekam sie auch ihre Zahlungsschwierigkeiten innerhalb einiger Monate wieder in den Griff.

Neuntes Gebot: Mit gezieltem Controlling den Überblick behalten

Vertrauen ist gut, Kontrolle ist besser. Behalten Sie den Überblick über den Erfolg Ihres Marketingplans.

I. Die vier Grundfunktionen des Marketingcontrollings

Ein Marketingcontrolling hat im Wesentlichen die folgenden vier Grundfunktionen zu erfüllen:

- Ermittlungs- und Dokumentationsfunktion: Informationsgewinnung und Berichtswesen
- Planungs-, Prognose- und Beratungsfunktion: Kurs- und Zielvorgabe
- Vorgabe- und Steuerungsfunktion: regelmäßige Soll-Ist-Vergleiche
- Kontrollfunktion

1. Die Ermittlungs- und Dokumentationsfunktion

Die erste Funktion betrifft die Ermittlung und Dokumentation. Die erforderlichen Daten des Rechnungswesens sind zu erfassen und in einem bearbeitbaren Format zu speichern. Diese Funktion erfüllt das Marketingcontrolling in enger Zusammenarbeit mit dem betrieblichen Rechnungswesen.

Weil eine solche Aufgabe ein bestimmtes Maß an Mehrarbeit in den Leistungseinheiten verlangt, müssen Sie bereits an dieser Stelle Überzeugungsarbeit hinsichtlich der Notwendigkeit eines Marketingcontrollings leisten. Dabei sollten Sie vor allem die Vorteile, die sich aus effizienteren Steuerungsmöglichkeiten der Marketingmix-Aktivitäten ergeben, in den Vordergrund stellen. Denn die Mitarbeiter sind eher bereit, mehr zu leisten, wenn sich daraus Vorteile für sie selbst ergeben.

2. Die Planungs-, Prognose- und Beratungsfunktion

Die zweite Funktion des Marketingcontrollings ist die Planung, Prognose und Beratung. Dazu gehört – auf Basis der Zielfestlegung durch die Unternehmensleitung – die Aufstellung des erfolgswirtschaftlich orientierten Marketingplans. Zur Zielfestlegung trägt das Marketingcontrolling insofern bei, als es die Unternehmensführung dabei unterstützt, realisierbare und anspornende Marketingziele zu entwerfen.

Um die Planungsfunktion wirksam wahrnehmen zu können, müssen die betrieblichen Möglichkeiten und die Umwelt mit ihren Einflüssen auf das Unternehmen bzw. die Wirkungen des Unternehmens auf seine Umwelt fortlaufend beobachtet werden. Daraus ergeben sich Hinweise auf kurz- und langfristige Trends.

3. Die Vorgabe- und Steuerungsfunktion

Die dritte Funktion des Marketingcontrollings besteht in der Vorgabe und Steuerung. Dabei ist die Zielfindung nicht als starrer Vorgang zu begreifen, sondern als laufender Prozess, der einer permanenten Beobachtung durch das Controlling bedarf. Während des Leistungserstellungsprozesses sorgen Soll-Ist-Vergleiche dafür, dass Abweichungen erkannt werden. Zudem bieten sie die Möglichkeit, Gegensteuerungsmaßnahmen einzuleiten. Dabei sind die Ergebnisse von Abweichungs- und Ursachenanalysen zu berücksichtigen.

Wegen ihrer umfassenden Kenntnis des Unternehmens und seiner Umweltbedingungen sind Marketingcontroller als Innovationsmotor des Unternehmens zu betrachten. Sie sind stets aufgefordert, Impulse an die einzelnen Mitarbeiter zu geben, und für die enge Abstimmung von Plan- und Ist-Verläufen verantwortlich. Sie berücksichtigen die Entwicklungen in der Unternehmensumwelt und unterstützen so dauernd den Prozess der Entscheidungsfindung.

Marketingcontroller haben für die lückenlose, laufende Berichterstattung an die Geschäftsführung zu sorgen. Die präsentierten Analysen basieren auf objektiven oder zumindest weitgehend objektivierten Daten. Die sich daraus ergebenden Informationen helfen, Entscheidungen sicherer und effizienter zu machen. Sie ersetzen allerdings nicht die Entscheidung durch das Management.

4. Die Kontrollfunktionen

Der vierte und letzte Funktionsbereich der Marketingcontroller betrifft die Kontrolle. Sie dient einerseits der Sicherstellung der Ergebnisse und andererseits der Motivation der Mitarbeiter. Bezogen auf die Marketingplanung bedeutet Kontrolle in erster Linie die Prüfung, ob sich der Aufwand für die einzelnen Marketingaktivitäten für das Unternehmen lohnt.

II. Das Marketingcontrolling an den Marketingmix-Faktoren ausrichten

Marketingcontrolling ist der Ansatz, dem Marketing eine messbare Komponente zu verleihen und es somit als Konzept weiterzuentwickeln.

- Unter „Controlling" wird im Wesentlichen die „Führung vom Ergebnis her" verstanden. Das heißt, dass die gesammelten Daten ausgewertet werden und daraufhin eine Entscheidung getroffen wird.
- Das Marketing hingegen kann als Ergänzung dazu als „Führung vom Markt her" gesehen werden. Die Werte des Markts sind für weitere Verkaufsentscheidungen ausschlaggebend.

Diese beiden Konzepte sollten sich im Rahmen des Marketingcontrollings ergänzen.

Es empfiehlt sich, das Marketingcontrolling an den Marketingmix-Faktoren auszurichten:

1. Controlling produktpolitischer Entscheidungen

Die Unterstützung produktpolitischer Entscheidungen durch das Marketingcontrolling ist vor allem darauf ausgerichtet, unterjährig festzustellen, welches Produkt welche Kosten verursacht hat und in welchem Maße es zur Deckung der fixen Kosten beiträgt.

Diese Aufgabenstellung setzt eine strukturierte Erfassung und Auswertung von Kosten und Leistungen des Marketings auf der Grundlage der vorhandenen Informationen aus der betrieblichen Kostenrechnung voraus. Mindestanforderung ist hier eine Trennung der Gesamtkosten in variable Kostenbestandteile und Fixkosten, die nach ihrer zeitlichen Abbaubarkeit gestaffelt werden sollten.

2. Controlling preispolitischer Entscheidungen

Die Preispolitik gehört sicherlich zu den zentralen Aspekten des Marketingcontrollings. Preispolitische Maßnahmen wirken sich meist relativ zeitnah auf die Ergebnissituation aus, sodass ein Controlling dieser Entscheidungen sehr wichtig ist. Marketingcontrolling ist insbesondere dann unverzichtbar, wenn es darum geht, kurzfristige preis- und konditionspolitische Maßnahmen wie z.B. Preis- und Konditionsänderungen oder Preisdifferenzierungen zu überprüfen.

3. Controlling vertriebspolitischer Entscheidungen

Als Teilbereich des Marketingcontrollings stehen im Vertriebscontrolling Entscheidungen im Mittelpunkt, die direkte Auswirkungen auf die Wirtschaftlichkeit der Vertriebsaktivitäten haben.

Um der Geschäftsführung einen schnellen und konzentrierten Überblick über die jeweiligen Absatz-, Kunden-, Wettbewerbs- und Marktbedingungen zu ermöglichen, sollte das Vertriebscontrolling ein aussagefähiges Vertriebskennzahlensystem ausarbeiten, in dem alle entscheidungsrelevanten Sachverhalte in verdichteter Form abgebildet sind. Bei der Entwicklung eines solchen Kennzahlensystems ist zu berücksichtigen, dass gerade im Vertriebsbereich zahlreiche Einzelkennzahlen denkbar sind, deren Aussagefähigkeit jedoch ohne Hintergrundinformationen oftmals begrenzt ist.

Bedingt durch die zunehmend intensive Kundenbetreuung kann z.B. auch das Berichtswesen von Außendienstmitarbeitern dem Inhaber oder der Geschäftsführung als wichtige Informationsquelle dienen. Das Vertriebscontrolling sollte daher sicherstellen, dass beim Außendienst vorhandene Informationen regelmäßig erfasst, aufbereitet und den Entscheidungsträgern bereitgestellt werden. Umgekehrt hat das Vertriebscontrolling darauf zu achten, dass auch der Außendienst zeitnah mit aktuellen Informationen versorgt wird.

Darüber hinaus leistet ein Vertriebscontrolling auch einen Beitrag zur zielorientierten Steuerung des Außendienstes. Die vielfach auf dem Umsatzdenken basierenden Provisions- und Entlohnungssysteme werden den Anforderungen an einen effizienten Vertrieb häufig nicht mehr gerecht. Eine erfolgsorientierte Steuerung des Außendienstes setzt vielmehr voraus, dass die Vertriebsmitarbeiter an den Erfolgszielen des Unternehmens in angemessenem Maß beteiligt werden.

4. Controlling kommunikationspolitischer Entscheidungen

Da für viele kommunikationspolitische Maßnahmen kaum Wirtschaftlichkeitsanalysen durchgeführt werden können, beschränkt sich das Marketingcontrolling im Bereich der Kommunikationspolitik im Wesentlichen auf die Planung und Erfolgskontrolle der Kommunikationsmaßnahmen.

In der Kommunikationsprogrammplanung wird das Kommunikationsbudget meist als Ganzes festgelegt und nach verschiedenen Zuordnungsgesichtspunkten wie Produkten, Produktgruppen oder Kundengruppen aufgeteilt. Für die konkrete Budgetzuweisung sind Informationen über die Relation zwischen dem Mitteleinsatz und dem sich daraus ergebenden Zielerreichungsgrad erforderlich. Schwierigkeiten bereitet hier vor allem die Messung des Zielerreichungsgrades, da für eine exakte Analyse diejenigen Umsatzanteile isoliert werden müssten, die aus den einzelnen Entscheidungen über kommunikationspolitische Maßnahmen resultieren. Da jedoch auch externe Effekte wie beispielsweise globale Nachfrageverschiebungen, Imageveränderungen usw. Marketingergebnisse beeinflussen, ist dies nur schwer zu realisieren.

III. Berichtswesen

Unter Berichtswesen oder Reporting wird die Darstellung und Kommunikation der Geschäftssituation verstanden. Eine moderne Ausgestaltung des Berichtswesens beschränkt sich dabei nicht auf die Diagnose der Situation, sondern bewertet die Chancen und Risiken, womit die Geschäftsführung in die Lage versetzt wird, zielorientiert zu agieren.

Die Aufgabe der chancen-/risiko-/stärken-/schwächenorientierten Berichterstattung besteht in der strukturierten Kommunikation der in einzelnen Produkten oder Kunden identifizierten, bewerteten und mit Verantwortlichkeiten belegten Analyseergebnisse. Darüber hinaus dient sie auch der Dokumentation im Sinne eines von den Banken immer wieder geforderten Risikomanagements, wenn man einen Kredit aufnehmen möchte.

Die Bestandteile eines Berichtswesens sind:

- Ist-Aufnahme der Situation
- Soll-Ist-Abgleich
- Risikoidentifikation
- Chancenbewertung

- Vorausschau
- Maßnahmen/Empfehlungen

Die Abweichungsanalyse ist eine intuitive Methode und notwendiger Bestandteil eines soliden Berichtswesens. Abweichungen können absolut und/oder relativ (in Prozentzahlen) dargestellt werden und sollten sich auf die Zielvorgaben beziehen.

Beispielsweise kann der Reporting-Bericht ausweisen,

- dass der Produktdeckungsbeitrag I von 76 Prozent auf 71 Prozent zurückging oder
- dass der Anteil der Neukunden von 22 Prozent auf 15 Prozent zurückging usw.

Eine Abweichungsanalyse im Rahmen eines Reportings sollte so ausgestaltet werden, dass die Über- bzw. Unterschreitung definierter Grenzen nicht nur sichtbar, sondern auch kommuniziert wird.

Ein Fehler, der im Berichtswesen häufig gemacht wird, ist, dass der Betrachtungszeitraum ausschließlich in die Vergangenheit gerichtet ist. Erst ein zukunftsorientiertes Berichtswesen ermöglicht eine aktive Steuerung der marketingpolitischen Ziele.

Checkliste: Marketingcontrolling	**Ja**	**Nein**
☐ *Liefert Ihr Marketingcontrolling objektivierte Informationen über Aufgabe und Nutzen der durchgeführten Marketingmaßnahmen?*		
☐ *Unterstützt Ihr Marketingcontrolling die Unternehmensplanung insbesondere auch im Hinblick auf das Dienstleistungsangebot?*		
☐ *Werden in Ihrem Controlling die Unternehmensziele und vorgaben formuliert?*		
☐ *Kontrolliert Ihr Marketingcontrolling die Zielerreichung und deckt es Abweichungen insbesondere auch bei den Kosten und Erträgen für Dienstleistungen auf?*		

IV. Balanced Scorecard (BSC)

Ein modernes Tool des strategischen Marketingcontrollings ist die Balanced Scorecard. Sie ist ein geeignetes Instrument zum Controlling der Zielerreichung des Marketingplans. Denn bei der Balanced Scorecard wird nicht nur mit einer einzelnen Spitzenkennzahl gearbeitet, sondern man bedient sich mehrerer ganz unterschiedlicher Perspektiven. Kaplan und Norton, die Entwickler der Balanced Scorecard, definieren vier für die Unternehmenssteuerung relevante Perspektiven:

- Finanzperspektive
- Kundenperspektive
- Prozessperspektive
- Lern- und Entwicklungsperspektive

Diese lassen sich wie folgt darstellen:

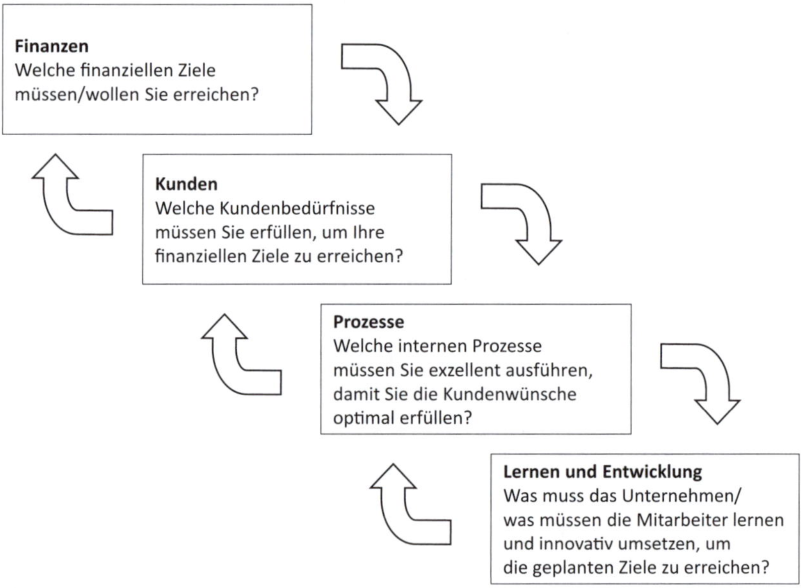

Abb. 29: Balanced Scorecard

Zur Erstellung einer Balanced Scorecard gehen Sie wie folgt vor:

1. Im ersten Schritt wählen Sie die Perspektiven, die für Sie in Betracht kommen. Abhängig von den marketingstrategischen Anforderungen an das Unternehmen können Sie die vier Perspektiven von Kaplan/Norton beibehalten oder eigene wählen.
2. Danach definieren Sie für die einzelnen Perspektiven die Marketingziele.
3. In einem weiteren Schritt wandeln Sie die Ziele in Messgrößen um, anhand derer das Marketing gesteuert werden kann.
4. Für jede Messgröße geben Sie anschließend einen operativ anzusteuernden Zielwert vor.
5. Am Ende formulieren Sie einen Katalog von Maßnahmen, mit denen die gesetzten Marketingziele erreicht werden sollen.

Das folgende Beispiel verdeutlicht die einzelnen Schritte der Einführung bzw. Weiterentwicklung einer Balanced Scorecard im Unternehmen:

Beispiel: Ganzheitliche Lösung

Der Filialleiter im Elektronikfachgeschäft Elektro Nick beschäftigt sich nun schon seit geraumer Zeit mit dem Management seiner an den Kundenwünschen ausgerichteten Produkte und Dienstleistungen. Obwohl er diese bereits im Rahmen einer Stärken-Schwächen-Chancen-Risiken-Analyse (SWOT-Analyse) detailliert untersucht hat, weiß er nicht genau, wie er die Verbesserungsmaßnahmen umsetzen soll. Er möchte schließlich nicht nur einzelne Problembereiche isoliert voneinander betrachten, sondern sucht nach einem Instrument, mit dessen Hilfe er systematisch sämtliche Prozesse so steuern kann, dass sie gemeinsam zum Aufbau des von ihm angestrebten Wettbewerbsvorteils beitragen.

Diese Aufgabenstellung lässt sich – wie im Folgenden erläutert wird – sehr gut mit der Einführung einer Balanced Scorecard lösen.

Zunächst gilt es, die zu betrachtenden Perspektiven festzulegen. In Anlehnung an die „klassische" Balanced Scorecard wählt das Elektronikfachgeschäft dafür die Finanz-, die Kunden-, die Prozess- und die Lern- und Entwicklungsperspektive. Im Anschluss daran sind für jede der vier Perspektiven Ziele zu formulieren. Um die Balanced Scorecard erfolgreich im Unternehmen umsetzen zu können und nicht zu viele Kennzahlen laufend erheben und prüfen zu müssen, beschränkt der Filialleiter sich auf zwölf Kennzahlen, also drei pro Perspektive. Diese werden sodann durch operative Messgrößen handhabbar gemacht.

Im abschließenden Schritt knüpft er an jede Messgröße eine quantitative Zielvorgabe, die im Idealfall von seinem Elektronikfachgeschäft erreicht werden sollte. Daraus entsteht dann das folgende Kennzahlenschema:

Finanzperspektive		
Marktorientierte Ziele	**Operative Messgrößen**	**Quantitative Zielvorgaben**
Wirtschaftlichkeit der Kundenberatung erhöhen	Häufigkeit der Planänderung pro Auftrag	Reduzierung auf eine Planänderung pro Auftrag
Erhöhung der Kauffrequenz	Anzahl von Aufträgen pro Kunde innerhalb von drei Jahren	Mindestens drei Aufträge pro Kunde innerhalb von drei Jahren
Steigerung des Umsatzes pro Auftrag	Umsatz pro Auftrag	Durchschnittliche Steigerung des Umsatzes pro Auftrag um 5 %

Kundenperspektive		
Marktorientierte Ziele	**Operative Messgrößen**	**Quantitative Zielvorgaben**
Bessere Erfüllung der Kundenbedürfnisse	Preis	Erhöhung um 5 %
Verkürzung von Lieferzeiten	Lieferdauer	Senkung auf einen Monat bei Standardaufträgen
Effizientere Bearbeitung von Beschwerden	Dauer für die Bearbeitung von Beschwerden	Reduzierung der Bearbeitungszeit von Beschwerden auf zwei Tage

Prozessperspektive		
Prozessorientierte Ziele	**Operative Messgrößen**	**Quantitative Zielvorgaben**
Verbesserung der internen Koordination	Häufigkeit von Fehlern aufgrund interner Kommunikationsprobleme	Senkung auf null Fehler pro Auftrag
Verbesserung der Materialversorgung durch den Einkauf	Häufigkeit von Lieferverzug wegen unzureichender Materialversorgung	Senkung auf null Tage Lieferverzug
Beschleunigung des Planungsablaufs	Planungsdauer für einen Standardauftrag	Senkung auf zwei Wochen pro Standardauftrag

Lern- und Entwicklungsperspektive		
Dienstleistungsbezogene Ziele	**Operative Messgrößen**	**Quantitative Zielvorgaben**
Permanenter Vergleich der eigenen Produktqualität mit der anderer Hersteller	Häufigkeit von Konkurrenzanalysen, Benchmarking	Erhöhung auf eine Analyse pro Jahr
Verringerung von Garantiefällen	Häufigkeit von Garantiefällen	Senkung um 5 %
Stetige Weiterentwicklung der Mitarbeiterqualifikationen	Häufigkeit von Schulungen pro Mitarbeiter	Erhöhung auf vier Schulungstage pro Mitarbeiter im Jahr

Um die Zielvorgaben, die in der jeweils dritten Spalte aufgeführt sind, zu erfüllen, sind nun konkrete Aktivitäten festzulegen.

Elektro Nick möchte z.B. die Wirtschaftlichkeit der Kundenberatung so verbessern, dass es nur noch zu höchstens einer Planänderung (z.B. bei der Planung von Küchen inkl. Geräten) pro Kundenauftrag kommt. Zunächst muss er dafür die Gründe für die bis dato häufigen Planänderungen ermitteln. Gibt es beispielsweise Kommunikationsprobleme mit dem Kunden, könnte er zukünftig eine höhere Anzahl an Kundenbesuchen während der

Planungsphase ansetzen. Durch intensivere Abstimmungen mit dem Kunden würden sich Kommunikationsprobleme und die damit verbundenen Planänderungen beheben lassen.

V. Die Kundenzufriedenheit messen

Die Kundenzufriedenheit leistet einen wesentlichen Beitrag zum Unternehmenserfolg – und dies langfristig. Ein zufriedener Kunde wird Ihnen treu bleiben und – bewusst oder unbewusst – positive Mundpropaganda für Sie betreiben. Laut einer Studie von Töpfer (Kundenzufriedenheit als Messlatte für den Erfolg) teilen übrigens zufriedene Kunden ihre Erfahrungen im Schnitt drei Personen mit, unzufriedene Kunden erzählen hingegen gleich neun Personen, was sie bei dem Anbieter geärgert hat. Daher sollte jedes Unternehmen darauf bedacht sein, seine Kunden nicht zu enttäuschen.

1. Die Produktpalette auf die Kunden zuschneiden

In der heutigen Gesellschaft leben viele Menschen im Überfluss, d.h. es sind nicht die Angebote knapp, sondern die Wünsche. Warum kauft dann also ein Kunde wiederholt in Ihrem Geschäft und nicht in einem anderen, in dem es vielleicht vergleichbare Angebote gibt? Sicherlich deshalb, weil er mit Ihrem Unternehmen, Ihren Mitarbeitern, Produkten und Dienstleistungen zufrieden ist. Besonders wichtig ist die Kundenzufriedenheit bei kleinen und mittelständischen Betrieben, da diese ihre Kunden nicht über Niedrigpreisangebote durch Massenware binden können. Wer seine Kunden genau kennt, vermeidet falsche Angebote und kann sich unnütze Werbekosten sparen. Es ist also wichtig, die geeignete Produktpalette für seine Kundengruppe individuell zu gestalten.

Beispiel: Konzentration auf eine Kundengruppe

Der Friseur Bernd Obermayer besitzt einen Friseursalon mit zehn Angestellten. Bisher hat er versucht, allen Kunden gerecht zu werden. Ob alt oder jung, Qualität und Preis sollten passen.

Da die großen Ketten den Preis nach unten gedrückt und sehr viel junges Publikum angezogen haben, hat sich Herr Obermayer konsequent für eine andere Zielgruppe entschieden. Da sich sein Salon in der Nähe eines exklusiv und privat geführten Altenheims befindet, hat er aus Wettbewerbsüberlegungen heraus die Gunst der Stunde genutzt und sich auf Senioren spezialisiert. Natürlich war dies für alle eine Umstellung. Zwischenzeitlich hat sich jedoch gezeigt, dass sich die Veränderung gelohnt hat: Der neu gewählte Markt ist für Obermayers Unternehmen groß genug und wird durch die bevorstehenden demografischen Veränderungen noch größer werden.

Viele seiner Kunden kommen fast jede Woche zu ihm. Durch das zunehmende Alter fällt vielen die Haarwäsche schwerer und sie bevorzugen daher den wöchentlichen Besuch beim Friseur, insbesondere auch dann, wenn sich bei den älteren Herrschaften Besuch angekündigt hat.

Friseur Obermayer hat seine Innenausstattung und -einrichtung auf die ältere Kundschaft angepasst. Beispielsweise sind keine Stufen zu überwinden, was den Besuch beim Friseur auch mit Rollstuhl und Gehwagen problemlos möglich macht. Die Stühle sind mit Wärmekissen und Massagefunktion ausgestattet und verwöhnen den Körper während der Haarwäsche. Da Friseur Obermayer nun viele Stammkunden hat, hat er sich ein Special ausgedacht: Nach 15 Haarwäschen bekommt der Gast einen Gutschein für eine Massage. Dieser kann bei dem angrenzenden Massagestudio eingelöst werden.

Die Mitarbeiter des Friseurs besuchen regelmäßig Fortbildungen, damit sie lernen, noch besser auf die neue Zielgruppe einzugehen. Ein Beispiel für die Besonderheiten im Umgang mit den älteren Kunden ist, Geduld zu haben und sich viel Zeit zu nehmen. Da der ständige Umgang mit physisch und/oder psychisch angeschlagenen Kunden für alle Mitarbeiter neu war, haben der Inhaber des Geschäfts und seine Mitarbeiter das Altenheim besucht und hilfreiche Tipps von Pflegern und Betreuern bekommen, die sie nun im Geschäft umsetzen.

Durch die gezielte Segmentierung des Markts kann sich Obermayer nun mit seinem qualifizierten Team auf seine Kundengruppe konzentrieren und seine Produkte und Leistungen kundenspezifisch anpassen. Dies schätzen seine Kunden am Friseurgeschäft Obermayer und sind ihm treu.

Analysieren wir nun die Details, wie Herr Obermayer den Bedürfnissen seiner Kunden gerecht wurde.

2. Mit Kundenzufriedenheit zum Erfolg

Sehr viele Unternehmen stehen unter einem enormen Leistungsdruck. Alles soll schneller gehen, günstiger und besser werden, also alles günstiger, schneller und in noch höherer Qualität. Da dies in der Praxis in den meisten Fällen nicht mehr möglich ist, da alle Effizienz- und Rationalisierungspotenziale ausgeschöpft sind, tendieren Kunden zur Unzufriedenheit.

Es ist also keinesfalls leichter geworden, der Erwartungshaltung der Kunden gerecht zu werden, sondern eher schwieriger. Es steht nicht mehr das Produkt im Vordergrund der Marketingbemühungen, sondern die Dienstleistung und das Verhältnis zwischen Kunde und Unternehmen.

Der Zustand der Zufriedenheit wird sich erst dann beim Kunden einstellen, wenn er eine Leistung erlebt, die seinen Ansprüchen entspricht und folglich seine Erwartungen an das Unternehmen bestätigt oder sogar übertrifft. Kurz gesagt: Qualität ist erst dann erzielt, wenn die Kunden zumindest zufrieden oder, noch besser, begeistert sind.

Man kann drei Zufriedenheitsstufen unterscheiden, die auch in der folgenden Abbildung veranschaulicht sind:

- Wenn der Kunde mehr erhält, als er erwartet hat, wenn also seine Erwartungen durch den Anbieter übertroffen werden, spricht man von vollkommen zufriedenen, sehr zufriedenen bzw. überzeugten Kunden. Diese werden Ihnen in der Regel Ihre Anstrengungen durch ein positives Verhalten hinsichtlich Wiederkauf und Weiterempfehlung danken.
- Ein zufriedener Kunde hat in etwa das erhalten, was er wollte. Seine Erwartungen wurden erfüllt, jedoch nicht übertroffen.
- Auf der untersten Stufe der Zufriedenheitsskala finden Sie schließlich die enttäuschten Kunden. Sie haben weniger bekommen, als sie erwartet haben, und sind deshalb mit dem Anbieter unzufrieden. Sie werden sich in den meisten Fällen weder zu einem Wiederkauf noch zu positiven Weiterempfehlungen bewegen lassen. Sie werden vielmehr negative Mundpropaganda betreiben und der Reputation des Unternehmens schaden. Im besten Fall entscheiden sie sich noch zu einer Beschwerde (vgl. Kapitel 9, Abschnitt VII). Dies räumt dem Unternehmen zumindest die Möglichkeit zur Nachbesserung bzw. zur Kompensation ein und gestattet den Verant-

wortlichen, aus der artikulierten Unzufriedenheit Lehren für die Zukunft zu ziehen.

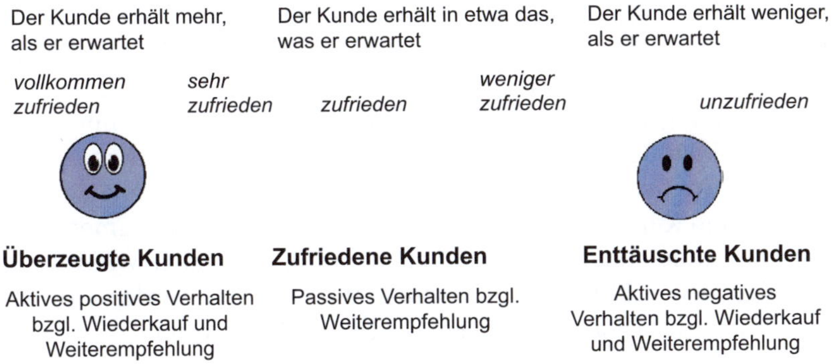

Abb. 30: Stufen der Kundenzufriedenheit

Der Kunde vergleicht nach Gebrauch eines Produkts oder einer Dienstleistung die wahrgenommene Erfahrung (Ist-Leistung) mit den Erwartungen, Wünschen oder individuellen Standards (Soll-Leistung). Wird die Soll-Leistung erreicht oder übertroffen, so entsteht Kundenzufriedenheit.

Beispiel: Zufriedene Friseurkundin

Eine Kundin möchte eine Frisur wie die von Madonna, was der Soll-Leistung entsprechen würde. Nachdem Friseur Obermayer die Haare gefärbt und geschnitten hat, empfindet die Kundin, dass ihre neue Frisur der von Madonna sehr stark gleicht und richtig gut aussieht. Damit wurden ihre Erwartungen erfüllt und die Kundin wird sich guten Gewissens das nächste Mal mit hoher Wahrscheinlichkeit wieder an Friseur Obermayer wenden.

Überzeugte Kunden neigen auch

- zum Kauf von Zusatzartikeln – beim Friseur beispielsweise eines spezielles Shampoos oder Pflegemittels – (Cross-Selling) oder
- zu Produkten oder Dienstleistungen einer höheren Preisklasse (Up-Selling).

Ein weiterer Vorteil überzeugter Kunden ist, dass die Kosten für die Neukundengewinnung sinken und die Akzeptanz des Angebots deutlich höher wird, da Neukunden, die das Geschäft auf Empfehlung betreten, meist schon ein gewisses Vertrauen mitbringen.

Spätestens an dieser Stelle wird die Bedeutung der Kundenzufriedenheit für das Erreichen unternehmerischer Markt- und Finanzziele deutlich. Infolge von Verbundkäufen, Wiederkäufen und Weiterempfehlungen erhöhen sich die verkaufte Menge bzw. die Kauffrequenz. Dies schlägt sich in einer Umsatzsteigerung nieder. Auch sind Stammkunden resistenter gegen Abwanderung und deshalb erfordert die Beziehungspflege weniger aufwendige Marketingbemühungen. Alles in allem bedeutet dies: Steigende Umsätze bei gleichzeitig fallenden Kosten verbessern den Unternehmensgewinn. Kundenzufriedenheit und Kundenbindung rechnen sich also. Der Zusammenhang zwischen Kundenzufriedenheit, Kundenbindung und Gewinn ist in der folgenden Abbildung (vgl. Wimmer/Roleff, Beschwerdepolitik als Instrument des Dienstleistungsmanagements) dargestellt:

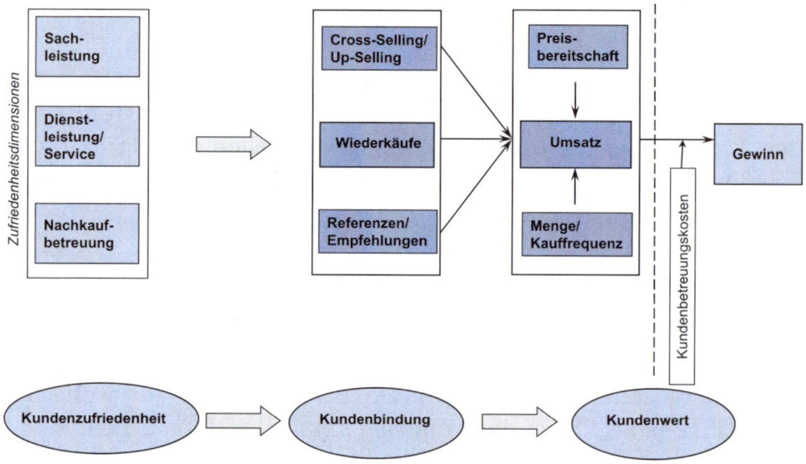

Abb. 31: Zusammenhang zwischen Kundenzufriedenheit, Kundenbindung und Gewinn

Betriebswirtschaftliche Größen können meist nur dann verbessert werden, wenn sie messbar sind und sich die Einflussgrößen identifizieren lassen, die für die eine oder andere Ausprägung der betrachteten Kennzahl verantwortlich sind. Durch eine entsprechende Veränderung der identifizierten Einflussgrößen kann auch die jeweilige Kennzahl gezielt in Richtung ihres Soll-Werts verbessert werden. Dieser Zusammenhang hat auch im Hinblick auf die Qualität von Dienstleistungen Gültigkeit.

Die zur Qualitätsmessung eingesetzten Verfahren lassen sich anhand unterschiedlicher Kriterien charakterisieren.

Differenziert oder undifferenziert: So können Sie sich zunächst einmal entscheiden, ob Sie die Messung undifferenziert oder differenziert durchführen möchten. Bei der undifferenzierten Messung geht es darum, ein Globalurteil durch den Kunden zu erheben, z.B.: „Wie fanden Sie den Aufenthalt in unserem Speiselokal?“ Dagegen erfasst die differenzierte Qualitätsmessung Teilleistungen, z.B.: „Wie beurteilen Sie die Freundlichkeit unserer Mitarbeiter?“ Es ist offensichtlich, dass sich die differenzierte Vorgehensweise schon allein deshalb anbietet, weil sie Ihnen Aufschluss darüber gibt, welche Teilleistungen eine gute Qualität aufweisen und welche verbesserungsbedürftig sind.

Nachfrager- oder Anbietersicht: In einem weiteren Schritt lassen sich die Verfahren danach einteilen, ob die Messung aus Nachfrager- oder aus Anbietersicht vorgenommen wird. Die Messung aus dem Blickwinkel des Kunden stellt sicher, dass die Dienstleistungsqualität gemäß den Erwartungen der Kunden erfasst wird. Anbieterbezogene Verfahren, wie z.B. Qualitätsaudits oder Mitarbeiterbefragungen werden dagegen sehr häufig im Rahmen des internen Qualitätsmanagements oder der Zertifizierung eingesetzt.

Subjektiv oder objektiv: Schließlich kann die Messung noch anhand subjektiver oder objektiver Merkmale vorgenommen werden. Die objektive Messung setzt die Existenz von Qualitätskriterien voraus, die nicht der subjektiven Einschätzung des Beurteilenden unterworfen sind. Ansätze zur objektiven Messung der Dienstleistungsqualität sind unternehmensinterne Qualitätsaudits und Qualitätskostenanalysen. Subjektive Merkmale hingegen orientieren sich an den persönlichen Anforderungen des Beurteilenden. Dies ist z.B. beim Benchmarking oder bei der Fehlermöglichkeits- und Einflussanalyse (FMEA) der Fall.

VI. Kundenerwartungen vs. Realität

Im Folgenden werden Sie mit SERVQUAL ein Verfahren kennenlernen, das es in praktikabler Weise ermöglicht, die Dienstleistungsqualität zu erfassen, und das sich praktisch in jedem Unternehmen umsetzen lässt. Mit der GAP-Analyse und dem Kano-Modell werden Ihnen zwei weitere Tools zur Steuerung der Kundenzufriedenheit vorgestellt.

1. SERVQUAL

Wollen Sie die Qualität der von Ihnen erbrachten Dienstleistungen messen, ist es erforderlich, die Erwartungen, die der Kunde an Sie stellt, mit der tatsächlich vom Kunden erlebten Leistung zu vergleichen. Sie etablieren folglich einen Soll-Ist-Vergleich, indem Sie Ihre Kunden fragen, was sie zum einen von Ihnen erwarten und wie sie zum anderen die erhaltene Leistung beurteilen.

Ziel ist es, die Differenz zwischen den Erwartungen und dem tatsächlichen Leistungserlebnis möglichst gering zu halten. Das Verfahren lässt sich in einfacher Weise sowohl auf reine Dienstleistungsunternehmen als auch auf solche Unternehmen, in denen Dienstleistungen lediglich als Nebenfunktion ausgeführt werden, anwenden. Sie haben somit ein Instrument bei der Hand, mithilfe dessen Sie auch die Qualität der von Ihnen erbrachten Zusatzleistung beurteilen können.

a) So gehen Sie vor

Technisch gesehen benutzt SERVQUAL („SERV" steht für „Service", „QUAL" für „Qualität") fünf Dimensionen der Dienstleistungsqualität. Darunter sind alle jene Aspekte zu verstehen, die für den Kunden bei der Qualitätsbeurteilung von Bedeutung sind. Diese zu definieren, ist der erste Schritt bei SERVQUAL:

1. **Annehmlichkeit des tangiblen Umfelds:** Für das Qualitätsempfinden des Kunden ist das Umfeld der Leistungserbringung von zentraler Bedeutung. Zu diesen „Tangibles" zählen beispielsweise die Atmosphäre im Geschäft, die Räumlichkeiten, die Einrichtung sowie das Auftreten der Mitarbeiter.

2. **Verlässlichkeit:** Dem Kunden ist es wichtig, dass er die versprochene Leistung erhält. Er muss seinem Vertragspartner vertrauen und sich auf ihn verlassen können.

3. **Reagibilität:** Der Anbieter muss die Fähigkeit zur schnellen und umfassenden Problemlösung besitzen. Er muss zuhören können, die Bedürfnisse des Kunden verstehen und in individueller Art und Weise mit diesen umgehen.

4. **Leistungskompetenz:** Ein Unternehmen gilt aus Sicht des Kunden als kompetent, wenn es über bestimmtes Wissen und Erfahrungen verfügt und wenn die Mitarbeiter vertrauenswürdig und freundlich sind.

5. **Einfühlungsvermögen:** Der Kunde wünscht sich einen Dienstleistungsanbieter, der die Bereitschaft und die Fähigkeit besitzt, auf seine individuellen Bedürfnisse einzugehen.

Im zweiten Schritt misst SERVQUAL die fünf Dienstleistungsdimensionen anhand von 22 „Items". Darunter sind im Rahmen von Kundenbefragungen Aussagen bzw. Statements zu verstehen, die die Befragten einzeln der Reihe nach bewerten sollen. Indem jedem Item ein Zahlenwert zugeordnet wird, werden Messungen möglich, die beispielsweise mit Schulnoten zu vergleichen sind.

Damit Sie die Kundenerwartungen mit der tatsächlich erlebten Leistung vergleichen können, müssen Sie zu jedem Item eine „So-sollte-es-sein"-Aussage und eine „So-ist-es"-Aussage formulieren. Erstere bezieht sich auf die Erwartung des Kunden, Letztere auf die erlebte Leistung.

Die befragten Personen beurteilen jede Aussage anhand einer Punkteskala von 1 bis 7. Die Differenz zwischen den beiden Kundenaussagen gibt dann die wahrgenommene Dienstleistungsqualität für das jeweilige Item an.

Wenn Sie anschließend den Durchschnitt aus den Erwartungs-Erlebnis-Differenzen aller zu einer Dimension gehörigen Items gebildet haben, erhalten Sie die Teilqualität der einzelnen Dimensionen. Bilden Sie aus diesen fünf Teilqualitäten einen weiteren Durchschnittswert, liegt Ihnen im letzten Schritt das Globalurteil der von Ihnen erbrachten Dienstleistungsqualität vor.

Das folgende Beispiel illustriert die Vorgehensweise anhand einer verkürzten Item-Batterie. Für nur zwei Dimensionen werden jeweils lediglich zwei Items gebildet, sodass zumindest ein Durchschnitt gebildet werden kann und die Berechnung der Teilqualitäten und der Globalqualität möglich ist:

Beispiel: Messung der Dienstleistungsqualität einer Werbeagentur

Im Zusammenhang mit der groß angelegten Qualitätsoffensive gegen den Hauptkonkurrenten will Werbeagentin Sabrina Kemp auch die Qualität der von ihr erbrachten Dienstleistungen messen. Einer Branchenzeitschrift hat Kemp entnommen, dass sich betriebswirtschaftliche Größen dann gezielt verändern lassen, wenn sie sich direkt oder indirekt über Einflussfaktoren messen lassen. Außerdem gibt die Messung nicht nur Aufschluss darüber, an welcher Stellschraube zur Verbesserung der betrachteten Größe gedreht werden muss, sondern sie ermöglicht auch Vergleiche. Würde sich die Werbeagentin beispielsweise dazu entschließen, einmal jährlich die Dienstleistungsqualität zu erfassen, würden ihr die gemessenen Werte anzeigen, inwieweit es im vergangenen Jahr zu Verbesserungen bzw. Verschlechterungen gekommen ist.

Diese Aspekte überzeugen Frau Kemp und sie wählt schließlich das Instrument SERVQUAL. Die folgende Grafik zeigt Ihnen einen Ausschnitt aus Kemps Fragebogen, mit dessen Hilfe die Erwartungen und die erlebten Leistungen der Befragten erfasst wurden.

Bewertung der SERVQUAL-Statements

Dimension 1: Annehmlichkeit des tangiblen Umfelds

Diese(r) Aussage...	lehne ich entschieden ab						stimme ich völlig zu	Differenz: b – a =	Ø
a) Kemps Geräte und Programme sollten dem neuesten Stand der Technik entsprechen.	1	2	3	4	5	☒ 6	7	- 4	- 3
b) Kemps Geräte und Programme entsprechen dem neuesten Stand der Technik.	1	☒ 2	3	4	5	6	7		
a) Kemps Arbeitsbereich sollte sauber und aufgeräumt sein.	1	2	3	4	☒ 5	6	7	- 2	
b) Kemps Arbeitsbereich ist sauber und aufgeräumt.	1	2	☒ 3	4	5	6	7		

Dimension 2: Verlässlichkeit

Diese(r) Aussage...	lehne ich entschieden ab						stimme ich völlig zu	Differenz: b – a =	Ø
a) Kemp sollte die Werbung zum vereinbarten Zeitpunkt präsentieren können.	1	2	3	4	5	6	☒ 7	- 4	
b) Kemp kann die Werbung zum versprochenen Zeitpunkt präsentieren.	1	2	☒ 3	4	5	6	7		
a) Kemp sollte über eine gewissenhafte Auftragsbuchführung verfügen.	1	2	3	4	5	6	☒ 7	- 1	
b) Kemp verfügt über eine gewissenhafte Auftragsbuchführung.	1	2	3	4	5	☒ 6	7		

Sobald die befragten Personen alle Statements beurteilt haben, lässt sich für jedes Item eine Differenz zwischen der tatsächlich erlebten Leistung und der Leistungserwartung bilden. Je größer der Wert ist, desto positiver ist die bei dem jeweiligen Item wahrgenommene Qualität.

Im Beispiel nimmt die befragte Person folglich eine große Abweichung zwischen dem Soll- und dem Ist-Zustand im Hinblick auf die technische Ausrüstung sowie die Lieferzuverlässigkeit wahr. Dagegen empfindet sie eine hohe Qualität in Bezug auf die Sorgfalt der Auftragsbuchhaltung.

Bildet man einen Durchschnittswert über alle Items einer Dimension, ergibt sich die Teilqualität der Dimension. Die Globalbeurteilung von Kemps Dienstleistungsqualität resultiert aus dem Durchschnitt der Teilqualitäten aller Dimensionen und nimmt einen nicht ganz befriedigenden Wert von –2,75 an.

2. Die GAP-Analyse

Ziel von GAP-Analysen ist es, frühzeitig im Rahmen eines Marketingcontrollings aufzudecken, wenn bestimmte Marketingziele nicht wie ursprünglich geplant erreichbar sind, wenn sich also eine Planungslücke zeigt. Dazu werden die angestrebten Ziele auf kürzere Zeithorizonte angelegt. Damit wird eine regelmäßige Überprüfung der Zielerreichung möglich.

Um die Dienstleistungsqualität zu optimieren, kann die GAP-Analyse ein sehr nützliches Tool sein. Sie soll qualitätsmindernde Lücken, die sogenannten Gaps, zwischen der angestrebten Dienstleistungsqualität und dem tatsächlichen aktuellen Stand feststellen. Gleichzeitig werden die Gründe für die Abweichung erfasst und bewertet, um die Lücken schließen und damit die Dienstleistungsqualität an die Erwartungen heranführen zu können.

a) So gehen Sie vor

Die qualitätsmindernden Lücken können am besten in einem Beziehungsmodell zwischen Kunde und Dienstleister veranschaulicht werden. Das GAP-Modell unterscheidet fünf potenzielle Lücken (Gaps 1 bis 5; vgl. Homburg/Krohmer, Marketingmanagement, S. 820 f.).

Was genau sind nun die einzelnen Gaps bzw. auf welche Dimensionen beziehen sie sich?

Gap 1 ist die Lücke zwischen den Erwartungen des Kunden und den Vorstellungen des Dienstleistungsanbieters.

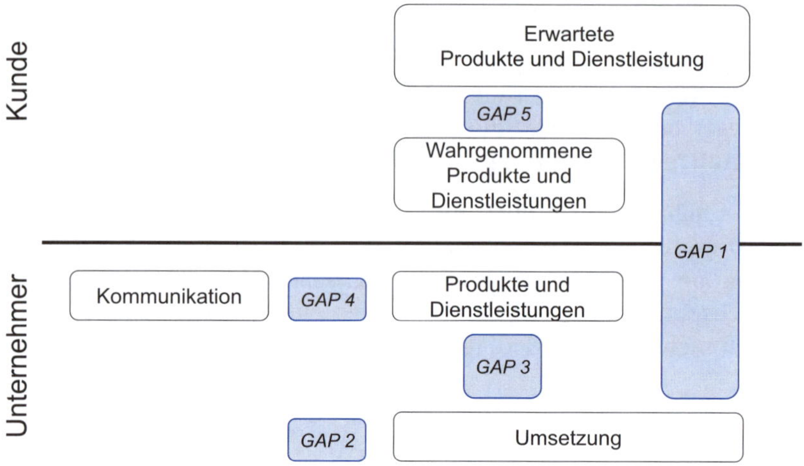

Abb. 32: GAP-Modell der Kundenzufriedenheit

Diese Lücke entsteht, da der Dienstleistungserbringer die Erwartungen seiner Kunden oft nicht ausreichend kennt. Durch ein strukturiertes Kundengespräch mit überlegten Fragen kann diese Lücke relativ leicht geschlossen werden. Die Wünsche des Kunden sind dabei detailliert zu ermitteln.

✔ Arbeiten Sie laufend an Verbesserungen der Kommunikation Ihrer Mitarbeiter „an der Front" mit dem Kunden und bauen Sie eine professionelle, persönliche Kundenbeziehung und -pflege, auch (Beyond) Customer Relationship Management (vgl. Kapitel 4, Abschnitt III) genannt, auf.

GAP 2 ist die Lücke zwischen den Vorstellungen des Dienstleistungserbringers und den Qualitätsnormen.

Der Unternehmer setzt Standards für die zu erbringende Dienstleistungsqualität. Werden erkannte Kundenerwartungen nicht umgesetzt, entsteht GAP 2. Eine Optimierung kann z.B. dadurch erfolgen, dass Kundenzufriedenheitsziele systematisch erarbeitet und kundenorientierte Standards als Leitfaden für ein Beratungsgespräch formuliert und festgehalten werden.

Letztendlich wäre im Idealzustand ein unternehmensspezifisches und kundenorientiertes Dienstleistungsdesign zu entwickeln, d.h. ein von allen Mitarbeitern vorgegebenen Leitfaden für den gesamten Dienstleistungsprozess.

GAP 3 ist die Lücke zwischen den Qualitätsnormen und der erbrachten Leistung.

Sie entsteht, wenn die gesetzten Normen in der Praxis nicht umgesetzt werden. Gründe hierfür können die fehlende Motivation der Mitarbeiter, deren fehlendes Know-how oder Kompetenzgerangel im Unternehmen sein.

GAP 4 ist die Lücke zwischen versprochener und erbrachter Leistung: Hält das Unternehmen, was es in der Werbung verspricht?

Diese Lücke drückt aus, inwieweit Werbebotschaften und das Unternehmensimage mit der erbrachten Dienstleistung in Einklang stehen. Deshalb sollte dem Kunden ein transparentes und realistisches Leistungsbild dargeboten werden, sodass die Erwartungshaltung der Kunden auch noch übertroffen werden kann. Um GAP 4 zu schließen, hat sich ein Zehnpunkteprogramm bewährt, das die wesentlichen Dimensionen der Dienstleistungsqualität beschreibt:

Checkliste: Zehnpunkteprogramm Gap 4	**Ja**	**Nein**
1. *Zuverlässigkeit:* *Liefern Sie die versprochene Dienstleistungsqualität zuverlässig, pünktlich und exakt?*		
2. *Reaktionsfähigkeit:* *Werden die Kundenwünsche und -erwartungen schnell, zeitnah und unkompliziert erfüllt?*		
3. *Kompetenz:* *Sind bei allen Mitarbeitern die notwendigen Fähigkeiten, Fertigkeiten und das notwendige Wissen vorhanden?*		
4. *Takt:* *Wird Ihren Kunden stets freundlich, aufgeschlossen und höflich begegnet?*		
5. *Vertrauenswürdigkeit:* *Sind Ihre Angebote ehrlich und glaubwürdig?*		
6. *Sicherheit* *Sind die Risiken für Ihre Kunden beim Kauf minimal?*		

Checkliste: Zehnpunkteprogramm Gap 4	Ja	Nein
7. *Zugang:* *Können Ihre Kunden einfach mit Ihnen Kontakt aufnehmen?*		
8. *Kommunikation:* *Ist die Informationsvermittlung gegenüber Ihren Kunden leicht und verständlich?*		
9. *Kundengespür:* *Kennen Sie Ihre Kunden persönlich, auch ihre Hobbys und sportlichen Aktivitäten?*		
10. *Äußere Erscheinung:* *Ist der Gesamteindruck Ihres Unternehmens positiv?*		

Gap 5 bezieht sich auf die Dienstleistungsqualität und resultiert aus den vier anderen Lücken. Da die Diskrepanz in Gap 5 selbst im Einzelfall nur schwer zu messen bzw. zu verringern ist, setzt man bei den Gaps 1 bis 4 an. Werden diese Lücken erfolgreich überwunden, wirkt sich dies zwangsläufig positiv auf Gap 5 aus.

3. Das Kano-Modell

Das Kano-Modell der Kundenzufriedenheit kommt aus Asien. Im Jahr 1978 entwickelte Noriaki Kano an der Tokioter Universität ein Modell, mit dem man begann, sich in die Problem- und Bedürfniswelt des Kunden hineinzuversetzen (vgl. Sauerwein, Das Kano-Modell der Kundenzufriedenheit).

Dazu unterteilte Kano die Bedürfnisse. Er lehnte sich an die Theorie von Herzberg an, wonach die Kundenzufriedenheit in Basis-, Leistungs- und Begeisterungsfaktoren untergliedert werden kann. Deren Erfüllung hat jeweils einen unterschiedlich hohen Einfluss auf die Kundenzufriedenheit.

- Basisfaktoren sind Musskriterien. Werden diese Kriterien nicht erfüllt, führt dies zu einer hohen Unzufriedenheit der Kunden. Die Erfüllung der Basisfaktoren wird nicht als erhöhte Dienstleistungsqualität wahrgenommen und führt somit nicht zu einer erhöhten Kundenzufriedenheit. Ein Basisfaktor kann z.B. die gute telefonische Erreichbarkeit des Unternehmens sein.

- Bei den Leistungsfaktoren steigt die Kundenzufriedenheit proportional zum Erfüllungsgrad. Je höher der Erfüllungsgrad, desto größer die Kundenzufriedenheit und umgekehrt. Im Gegensatz zu den Basisfaktoren, deren Erfüllung vom Kunden als selbstverständlich angesehen und deshalb nicht gesondert angesprochen wird, werden Leistungsfaktoren von den Kunden deutlich zum Ausdruck gebracht. Es handelt sich um Sollkriterien einer Dienstleistung, beispielsweise die Kulanz bei Reklamationen.
- Begeisterungsfaktoren sind jene Dienstleistungskriterien, deren Erfüllung einen überproportional hohen Einfluss auf die Kundenzufriedenheit haben. Werden die Begeisterungsfaktoren nicht erfüllt, entsteht zwar kein Gefühl der Unzufriedenheit beim Kunden, allerdings entsteht ohne das Angebot von Begeisterungsfaktoren auch keine besondere Form der Kundenbindung. Bei den Begeisterungsfaktoren handelt es sich um Kann-Kriterien einer Dienstleistung.

Beachten Sie jedoch: Was heute noch eine Besonderheit ist, z.B. das Angebot einer interaktiven Homepage, kann morgen schon wieder selbstverständlich sein, da sich der Kunde innerhalb kurzer Zeit an besondere Dienstleistungen gewöhnt. Begeisterungsfaktoren werden zu Leistungsfaktoren und dann zu Basisfaktoren, z.B. eine neue Kollektion als Kommissionsware zur Verfügung zu stellen.

Die Kano-Analyse stellt eine Methode dar, um Kundenanforderungen zu strukturieren und deren Einfluss auf die Zufriedenheit der Kunden zu bestimmen. Sie erlaubt es z.B. auch herauszufinden, ob eine Steigerung der Dienstleistungsqualität vom Kunden überhaupt gewünscht wird.

a) So gehen Sie vor

Wenn Sie eine Kano-Analyse erstellen wollen, gehen Sie wie folgt vor:

1. Der erste Schritt besteht darin, zunächst einen Fragebogen mit maximal zehn Fragen zu den wichtigsten Anforderungen an die Dienstleistungen zu entwickeln.
2. Danach formulieren Sie jeweils eine positive und eine negative Fragestellung zu jedem Themengebiet und eine Frage zur jetzigen Kundenzufriedenheit.
3. Dann trennen Sie mithilfe dieser Tabelle die brauchbaren von den unbrauchbaren Informationen und teilen sie in Basis-, Leistungs-

und Begeisterungsfaktoren. Solch eine Trennung ist nötig, da es nicht auszuschließen ist, dass einige Interviews unter Zeitdruck oder aufgrund mangelnden Interesses widersprüchliche Antwortmöglichkeiten entstehen lassen.

4. Anschließend tragen Sie diese Ergebnisse in ein Diagramm ein, wonach Entscheidungen über zukünftige Investitionen getroffen werden können.

Ein attraktiver Nebeneffekt ist, dass mit einer solchen Umfrage nicht nur die Kundenzufriedenheit ermittelt werden kann, sondern auch die Möglichkeit besteht, die Aufmerksamkeit des Kunden für besondere Dienstleistungen des Unternehmens zu wecken. Wenn die Umfrage sachlich und nicht aufdringlich gestaltet wird, dient sie zur Kundenbindung, Kontaktpflege und Neukundenwerbung. Auch können Sie im Gespräch viele verschiedene zusätzliche Informationen gewinnen, die aus Erfahrungen des Kunden mit Mitbewerbern resultieren. Solche Informationen sind nützlich und können für spätere Werbeaktionen oder Verbesserungen im eigenen Unternehmen verwendet werden.

Der Interviewer sollte sich neutral verhalten, da Sie eine unbeeinflusste Antwort des Kunden benötigen. Die Antwortmöglichkeiten für eine Befragung nach Kano sind vorgegeben. Für die positiven und negativen Fragestellungen lauten sie:

- Das begeistert mich.
- Das ist normal – das erwarte ich.
- Das ist mir egal.
- Damit könnte ich leben.
- Das würde mich sehr stören.

Die Antwortmöglichkeiten für die jetzige Zufriedenheit sind:

- sehr zufrieden
- zufrieden
- eher zufrieden
- eher unzufrieden
- unzufrieden
- sehr unzufrieden

Konkret heißt dies: Erst wenn alle Basisfaktoren erfüllt, alle Leistungen erbracht und zusätzliche Begeisterungselemente eingeflossen sind, ist eine hohe Kundenzufriedenheit erreicht.

Nach der Auswertung der Ergebnisse tragen Sie diese in das Kano-Diagramm ein, das wie folgt aussieht:

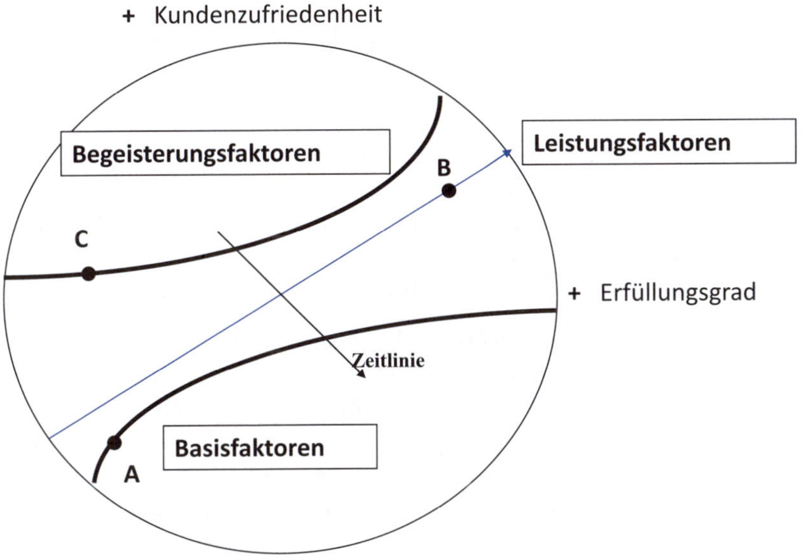

Abb. 33: Das Kano-Modell

Das Diagramm besteht aus zwei Achsen und drei Hauptlinien. Die x-Achse stellt den Erfüllungsgrad der Dienstleistung aus Sicht des Kunden dar, von rechts nach links: von sehr gut erfüllt bis ungenügend erfüllt.

Die y-Achse stellt die Kundenzufriedenheit dar. Kundenzufriedenheit, von oben nach unten: von sehr zufrieden bis sehr unzufrieden.

Die Basisfaktoren sind auf der unteren Hauptlinie positioniert. Die Leistungsfaktoren befinden sich auf der mittleren Hauptlinie und die Begeisterungsfaktoren auf der oberen Hauptlinie. Durch die unterschiedliche Lage der eingetragenen Punkte kann man bei richtiger Interpretation mögliche Investitionen planen oder Fehlinvestitionen vermeiden.

Zur Veranschaulichung sind drei Punkte A, B und C im Kano-Diagramm eingezeichnet. Diese stellen drei mögliche Situationen dar, anhand derer nun gezeigt wird, wie eine Interpretation aussehen könnte.

- Punkt A – Basisfaktor: Eine Dienstleistung, die so im Diagramm positioniert ist, ist für weitere Investitionen bei guter Erfüllung uninteressant, da der Kunde laut Definition diese nicht bewusst wahrnimmt. Ein Basisfaktor kann trotz hoher Investitionen nie zum Leistungsfaktor werden und trägt damit nicht zur Kundenbegeisterung bei. Im Beispiel liegt die Erfüllung zwischen eher unzufrieden und unzufrieden. Um Unzufriedenheit zu vermeiden, ist beispielsweise in die telefonische Erreichbarkeit zu investieren.
- Punkt B – Leistungsfaktor: Der Kunde nimmt diese Dienstleistung bewusst wahr. Die vollkommene Erfüllung stimmt ihn zufrieden. Bei niedrigem Erfüllungsgrad müsste investiert werden. Die Lage des Punktes in der Grafik bedeutet, dass der Kunde z.B. mit dem Reklamationsverhalten des Unternehmens zufrieden ist.
- Punkt C – Begeisterungsfaktor: Begeisterungsanforderungen werden vom Kunden nicht artikuliert, sie werden vom Kunden nicht erwartet. In ihnen steckt hohes Potenzial. Ihre Erfüllung macht ein Unternehmen einzigartig und schwer austauschbar, z.B. eine interaktive Website, über die der Kunde rund um die Uhr mit dem Unternehmen in Kontakt treten kann. Es lohnt sich also, in Begeisterungsfaktoren zu investieren.

Kennt ein Unternehmen die differenzierten Anforderungen der Kunden an seine Dienstleistungen, können Investitionsmittel richtig gelenkt werden. Die Entdeckung von Begeisterungsanforderungen schafft vielfältige Differenzierungsmöglichkeiten. Eine Dienstleistung, die lediglich den Basis- und Leistungsanforderungen genügt, wird als durchschnittlich und damit austauschbar wahrgenommen.

VII. Wenn doch etwas schiefgeht – Beschwerdemanagement

In engem Zusammenhang mit dem Management der Kundenzufriedenheit steht das Beschwerdemanagement. Unter einer Beschwerde versteht man „eine vom Kunden ausgehende Artikulation von Unzufriedenheit“, die „sich auf ein konkretes Leistungsangebot einschließlich der damit in der Vor-, Kauf- und Nachkaufphase zusammenhängenden Marketingaktivitäten des Anbieters bezieht und an diesen adressiert ist.“ (Wimmer/Roleff, Beschwerdepolitik als Instrument des Dienstleistungsmanagements, S. 269)

Weil die vorgebrachten Beschwerden klare Hinweise auf Verbesserungspotenziale geben, sollten Unternehmen ihnen offen gegenübertreten, sie systematisch erfassen und die Informationen einer gezielten Verwertung zuführen. Beachten Sie dabei, dass sich unzufriedene Kunden in vielen Fällen die Mühe der Beschwerdeführung ersparen und ihre persönliche Konsequenz aus der nicht zufriedenstellenden Leistungserbringung durch den Anbieter ziehen. Das heißt diese Kunden werden Sie vermutlich nicht wieder sehen. Sehen Sie deshalb Beschwerden als eine Chance zur Verbesserung oder Wiedergutmachung an und damit als Möglichkeit, eine langfristige Kundenbeziehung zu fördern und zu erhalten.

Ein institutionalisiertes Beschwerdemanagement sollte eine systematische Erfassung, Bearbeitung und Verwertung von Beschwerden beinhalten. Beschwerdestimulierung, -annahme, -bearbeitung und -auswertung sollen dabei nicht dazu dienen, dass Formulare erstellt, gelocht und schließlich abgeheftet werden, ein institutionalisiertes Beschwerdemanagement ist vielmehr mit konkreten Zielen auszugestalten:

- Kundenorientierung soll unternehmensweit forciert und umgesetzt werden: Wenn sich Ihr Unternehmen offen den Beschwerden der Kunden stellt, um sich ernsthaft mit ihnen auseinanderzusetzen, unterstreicht es sein Bemühen, dem Kunden als echter Dienstleister gegenüberzutreten. Dadurch verbessern Sie Ihr Unternehmensimage und beim Kunden manifestiert sich das Bild einer serviceorientierten Unternehmenskultur.

- Beschwerdezufriedenheit soll generiert werden: Beschwerdezufriedenheit ist ein Bestandteil der Kundenzufriedenheit. Dies bedeutet, dass in die durch den Kunden wahrgenommene Dienstleistungsqualität auch einfließt, inwieweit das Unternehmen den Beschwerdeprozess zufriedenstellend gemanagt hat. Gegebenenfalls werden unzufriedene Kunden durch besonders kulante Reaktionen des Anbieters sogar zu zufriedenen oder begeisterten Kunden. Allgemein ist Beschwerdezufriedenheit dann gegeben, wenn der Kundennutzen aus der Beschwerde den zur Beschwerdeführung notwendigen Aufwand übersteigt.

- Verbesserungsvorschläge sollen gewonnen werden: Wenn Sie Beschwerden nicht als Ergebnis besonders schwieriger oder gar boshaften Kundenverhaltens begreifen, sondern als konstruktive Kritik, können Sie die in den Beschwerden enthaltenen Aussagen oftmals als Anregungen für eine Verbesserung der Leistungserstellung und des Produktnutzens verwerten. Durch die gezielte Auswertung von Beschwerden gewinnen Sie Informationen, die sonst nur kostenintensive Marktforschungsaktivitäten aufgedeckt hätten.

- Interne und externe Fehlerkosten werden verringert: Interne Fehlerkosten umfassen Kosten, die Ihrem Unternehmen zur Vorbeugung von Fehlern entstehen. Externe Fehlerkosten hingegen fallen an, wenn Sie unterlaufene Fehler z.B. durch Preisnachlässe oder Nachbesserungen kompensieren müssen. Ein effizientes Beschwerdemanagement trägt dazu bei, diese Kosten zu reduzieren.

Das Beschwerdemanagement umfasst die Beschwerdestimulierung, die Beschwerdeannahme, die Beschwerdebearbeitung sowie die Beschwerdeauswertung.

1. Die Beschwerdestimulierung

Da vielen Kunden der mit einer Beschwerde einhergehende Aufwand zu groß ist und sie fürchten, dass der damit verbundene Nutzen ungleich geringer ausfallen wird, verzichten sie oftmals auf eine Beschwerde. Statistiken zeigen (vgl. Töpfer, Kundenzufriedenheit messen und steigern), dass sich nur vier Prozent aller unzufriedenen Kunden überhaupt beschweren. Die Kunden, die sich nicht beschweren, sind meistens für das Unternehmen verloren, und zwar ohne dass für den Anbieter der Abwanderungsgrund offenkundig geworden wäre.

Deshalb sollten Sie Ihren Kunden die Kontaktaufnahme so einfach wie möglich machen. Ihr Kunde sollte sozusagen zur Beschwerde aufgefordert und ermutigt werden. Er sollte seine Beschwerde

- schriftlich, z.B. per Brief,
- mündlich, z.B. in einem persönlichen Gespräch, oder
- auf telekommunikativem Weg, z.B. per Telefon, SMS oder per E-Mail,

an das Unternehmen richten können.

Bei Dienstleistungen ist der Kunde in vielen Fällen bei der Leistungserstellung anwesend. Diese Tatsache öffnet für ihn den direkten Weg zum Anbieter: Er kann sich im Geschäft beschweren. Da Produktion und Verbrauch bei der Dienstleistungserbringung häufig simultan ablaufen, ist die sofortige Äußerung von Beschwerden auch dringend erforderlich, da nach Beendigung des Dienstleistungsprozesses an der konsumierten Leistung keine Nachbesserung mehr stattfinden kann. Zu diesem Zeitpunkt sind meist sowieso nur noch Kompensationen in Form von Ausgleichszahlungen möglich. Bei Produkten ist Beschwerden innerhalb der Gewährleistungsdauer ohnehin intensiv nachzugehen. Viele Kunden, die mit einem Produkt nicht zufrieden sind, kehren Tage später nochmals ins Geschäft zurück und machen ihrem Ärger Luft.

2. Die Beschwerdeannahme

Im Rahmen der Beschwerdeannahme werden die geäußerten Beschwerden entgegengenommen und erfasst. Dabei ist es besonders wichtig, den Eingangszeitpunkt der Beschwerde festzuhalten. Eine zufriedenstellende Bearbeitung der Beschwerde kann meist nur dann erreicht werden, wenn sie zeitnah erfolgt und der Anbieter möglichst rasch reagiert.

Aufgrund des mit vielen Dienstleistungen einhergehenden direkten Kontakts zwischen Anbieter und Nachfrager können viele Beschwerden schon im Verlauf der Dienstleistungserstellung bearbeitet und die Unzufriedenheit des Kunden kann reduziert werden. Dazu ist es erforderlich, die Mitarbeiter im Kundenkontakt für Beschwerdesituationen zu sensibilisieren und ihnen durch Schulungen geeignete Verhaltensweisen im Umgang mit verärgerten Kunden zu vermitteln.

So werden beispielsweise Mitarbeiter von Customer-Care-Centern – egal ob bei Produkten oder Dienstleistungen – psychologisch auf kritische Kundenkontaktsituationen vorbereitet. Sie lernen, dem Kunden zuzuhören, sein Problem zu begreifen, ihm einen passenden Lösungs- bzw. Kompensationsvorschlag zu unterbreiten und dadurch seine Empörung zu lindern.

3. Die Beschwerdebearbeitung

Die Beschwerdebearbeitung umfasst alle Aktivitäten, die nach Eingang einer Beschwerde in einem Unternehmen ablaufen. Dabei ist zum einen festzulegen, wie bestimmte Beschwerden von wem zu bearbeiten sind und innerhalb welcher zeitlichen Frist dies geschehen soll. Zum anderen sind entstandene Fehler systematisch auf ihre Ursachen hin zu untersuchen und im Hinblick auf die Zukunft zu beseitigen.

Werden Beschwerden gewissenhaft bearbeitet, können sie für Ihr Unternehmen eine Fülle marktbezogener Informationen liefern. Sie erhalten Kenntnisse über Trends und Bedürfnisänderungen sowie über Produkt- und Servicemängel. Denken Sie daran, dass Sie viele dieser Daten ansonsten über kostenintensive Marktforschungsaktivitäten erheben müssten. Machen Sie deshalb das Beste aus eingegangenen Beschwerden und versuchen Sie, aus Fehlern der Vergangenheit zu lernen.

Im Unterschied zur Beschwerdebearbeitung richtet sich die Beschwerdereaktion nach außen, also direkt an den verärgerten Kunden. Zu einem gelungenen Beschwerdemanagement gehört auch, dass der Kunde auf dem Weg zur Problemlösung über den Status der Bearbeitung seiner Beschwerde auf dem Laufenden gehalten wird. So sollten ihm z.B. kurz nach Beschwerdeeingang der Empfang bestätigt und die voraussichtliche Bearbeitungsdauer mitgeteilt werden.

Nimmt es mehr Zeit in Anspruch, eine Lösung zu finden, sind außerdem regelmäßige Zwischenbescheide empfehlenswert. Dadurch zeigen Sie Ihrem Kunden, dass Sie die von ihm artikulierte Unzufriedenheit ernst nehmen, dass Sie bereit sind, sich mit dem Problem auseinanderzusetzen, und dass Sie so bald wie möglich eine kooperative Lösung finden wollen.

Am Ende der Phase der Beschwerdebearbeitung steht die Entscheidung über die vorgebrachte Beschwerde. Grundsätzlich können alle erhaltenen Beschwerden einer umfangreichen Einzelfallprüfung unterzogen werden, was den Vorteil hat, dass zum einen unberechtigte Beschwerden abgelehnt werden können und zum anderen dem Kunden, der sich beschwert, Aufmerksamkeit geschenkt wird. Allerdings sind mit einer Einzelfallprüfung meist nicht unerhebliche Kosten verbunden, die ggf. sogar die Kompensationskosten übersteigen können. Deshalb kann es allein aus Kostengründen sinnvoll sein, Beschwerden generell kulant zu regeln.

Aus Marketinggesichtspunkten ist eine wohlwollende Beschwerdebearbeitung ohnehin zu befürworten. Wenn Sie Ihrem Kunden eine entgegenkommende Problemlösung vorschlagen, riskieren Sie nicht, eine mühsam aufgebaute Kundenbeziehung zu verlieren, die Ihnen in der Zukunft noch nennenswerte Umsätze bringen könnte. Zusätzlich investieren Sie in positive Mundpropaganda, die sich nicht nur auf Ihr Unternehmensimage, sondern auch auf Ihre künftigen Erlöse positiv auswirken sollte.

4. Die Beschwerdeauswertung

Fehler müssen systematisch auf ihre Ursachen hin untersucht und beseitigt werden. Damit aus Fehlern gelernt werden kann, sind auch die Verantwortlichen über den Beschwerdeausgang in Kenntnis zu setzen. Die Beschwerdeanalyse sollte dabei sowohl quantitative als auch qualitative Kriterien berücksichtigen.

- Gegenstand der quantitativen Beschwerdeanalyse ist die Ermittlung der relativen Wichtigkeit einzelner Beschwerdegründe, z.B. mittels Frequenz-Relevanz-Analyse.
- Zusätzlich soll die qualitative Beschwerdeanalyse vor allem über die Ursachen der Unzufriedenheit Aufschluss geben.

Checkliste: Beschwerdemanagement	**Ja**	**Nein**
☐ *Ist die telefonische Erreichbarkeit ohne lange Warteschleifen sichergestellt?*		
☐ *Nimmt jeder Mitarbeiter Beschwerden an, auch wenn er selbst nicht unmittelbar davon betroffen ist?*		
☐ *Gibt es in irgendeiner Form eine Aufforderung des Kunden zur Beschwerdeführung: „Sagen Sie uns Ihre Meinung …“?*		
☐ *Werden Beschwerden offen aufgenommen? Senden die Mitarbeiter durch Zuhören und Nachfragen positive Signale?*		
☐ *Gibt es Beschwerdeformulare, die z.B. der Rechnung an den Kunden beigefügt werden?*		
☐ *Wird die Ursache für die Beschwerde so schnell wie möglich beseitigt?*		
☐ *Wird der Kunde, nachdem er die Beschwerde vorgebracht hat, umgehend darüber informiert, was die nächsten Schritte hinsichtlich der Bearbeitung der Beschwerde sind?*		

a) Die quantitative Beschwerdeanalyse

Im Folgenden sollen die Idee und die Vorgehensweise der Frequenz-Relevanz-Analyse für Probleme – auch FRAP genannt – erläutert werden:

Damit die Maßnahmen des Beschwerdemanagements zielgerichtet eingesetzt werden können, ist es notwendig, die Häufigkeit und die Relevanz der auftretenden Negativerlebnisse zu kennen. Der Frequenz-Relevanz-Analyse liegt die Überlegung zugrunde, dass ein Problem umso schneller bearbeitet werden muss, je größer seine Bedeutung für das Ausmaß der Verärgerung des Kunden ist. FRAP setzt voraus, dass die auf Kundenseite bestehenden Probleme bereits bekannt sind, knüpft an diese Ergebnisse an und ermittelt die Häufigkeit des Problemauftritts sowie dessen Wichtigkeit.

Die erforderlichen Daten können mithilfe einer Kundenbefragung ermittelt werden, in der für jede Problemkategorie zwei Fragen vorgesehen sind.

1. Die erste Frage erfasst, ob ein bestimmtes Problem bei einem Kunden überhaupt aufgetreten ist.
2. Wird die erste Frage bejaht, wird mit der zweiten Frage die Relevanz des Problems geprüft.

Die Wichtigkeit des Problems lässt sich mithilfe einer Skala abbilden, auf der der Kunde das Ausmaß seiner Verärgerung angeben kann. Abschließend lassen sich die Probleme entsprechend ihrer Frequenz und ihrer Relevanz in ein Diagramm eintragen. Die Probleme, die weit oben rechts liegen, sind als erste zu beseitigen.

Beispiel: FRAP bei Autoserviceleistungen

Im Beispiel werden Autoserviceleistungen dargestellt. Die Kritikpunkte „nicht termingerechte Ausführung eines Auftrags“ und „Rückgabe des Fahrzeugs in verschmutztem Zustand“ haben Priorität bei der Durchführung von Verbesserungsmaßnahmen.

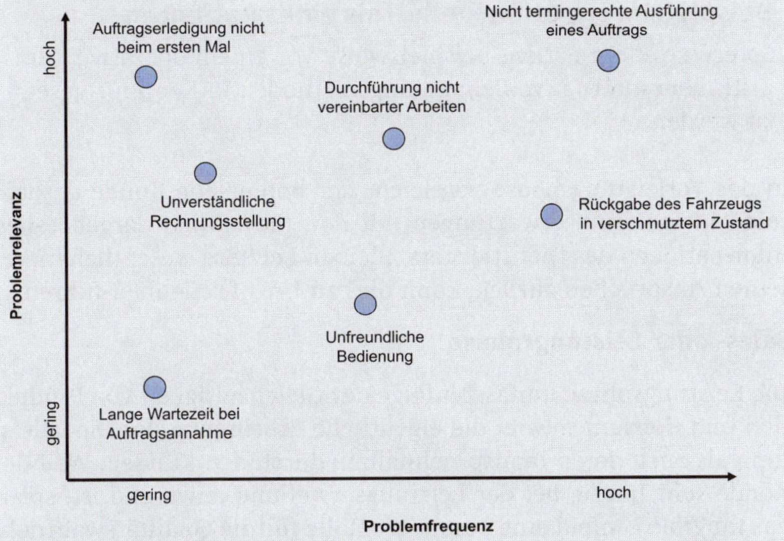

Abb. 34: Beschwerdeanalyse mit FRAP

b) Die qualitative Beschwerdeanalyse

Im Unterschied zur quantitativen Beschwerdeanalyse, die die relative Bedeutung einzelner Probleme untersucht, wird bei der qualitativen Beschwerdeanalyse auf die Ursachen der Unzufriedenheit mit einer Dienstleistung eingegangen. Bei einer Dienstleistung, die einer prozessualen Erstellung unterliegt, können Unzufriedenheitsgründe in jeder Erstellungsphase liegen:

Pre-Sales- oder Vorleistungsphase

Bevor sich der Konsument für einen bestimmten Anbieter entscheidet, begibt er sich in der Regel zunächst auf Informationssuche. Vor allem bei immateriellen Dienstleistungen, deren Qualität in hohem Maße von der – vorab schwer beurteilbaren – Leistungsfähigkeit des Anbieters bestimmt wird, stellt der Nachfrager höhere Ansprüche an das Informationsangebot als bei Produkten. Der Kunde möchte insbesondere über den geplanten Ablauf und das voraussichtliche Dienstleistungsergebnis umfassend informiert werden.

Beispiel: Informationsbedürfnis eines Patienten

So erwartet ein Patient beispielsweise vor einem operativen Eingriff, über alternative Behandlungsmethoden in Kenntnis gesetzt zu werden.

In der Vorleistungsphase vergleicht der potenzielle Kunde deshalb seine Informationserwartungen mit den tatsächlich dargebotenen Informationen des Dienstleisters. Bleiben Letztere wesentlich hinter seinen Ansprüchen zurück, kann dies zu Unzufriedenheit führen.

Sales- oder Leistungsphase

Die Leistungsphase umfasst infolge der Gleichzeitigkeit von Produktion und Konsum sowohl die eigentliche Erbringung der Dienstleistung als auch deren Inanspruchnahme durch den Kunden. Weil der Kunde sehr häufig bei der Leistungserstellung anwesend ist, spielt das tangible Umfeld eine besondere Rolle für die Qualitätswahrnehmung. Faktoren wie Atmosphäre, Räumlichkeiten, technische Ausstattung und das Auftreten der Mitarbeiter bewirken gewissermaßen eine Materialisierung der immateriellen Dienstleistung.

Beispiel: Wartezimmer als Indiz für die Qualität

So mancher Patient würde z.B. von einem stickigen, unordentlichen und unansehnlichen Wartezimmer auf eine zweifelhafte Qualität der medizinischen Dienstleistung schließen.

Infolge des direkten Kontakts zwischen Anbieter und Nachfrager kann ein Dienstleister sofort reagieren, wenn der Kunde während der Leistungsphase eine Unzufriedenheit artikuliert. In vielen Fällen kann daher noch während der Leistungserbringung eine Verbesserung des Leistungsniveaus erreicht werden.

After-Sales- oder Nachleistungsphase

Nach Abschluss der eigentlichen Dienstleistungserstellung tritt für den Kunden das Endergebnis zutage. Das langfristige Leistungsergebnis offenbart sich oft erst im Lauf der Zeit.

Beispiel: Vollständige Genesung?

Ein Patient kann z.B. den Erfolg einer Operation erst dann beurteilen, wenn er nach Ablauf einer bestimmten Zeit auch vollständig genesen ist.

Tatsächlich können zwar die Gründe für Unzufriedenheit in der Nachleistungsphase ihre Wurzeln in vorgelagerten Phasen haben, für den Kunden konkretisiert sich der Tatbestand jedoch erst später, z.B. in Form von Folgeschäden. Weil bei Dienstleistungen aber häufig das Leistungsniveau nur während der Leistungsphase angehoben werden kann, können danach nur noch Kompensationsleistungen zur Wiedergutmachung gewährt werden. Diese sind meist das Ergebnis eines gelungenen Beschwerdemanagements, das somit ein wichtiges Instrument des Nachkaufmarketings darstellt.

Schließlich erwarten die Kunden von einer vertrauensvollen Beziehung, dass diese auch nach Abschluss der eigentlichen Leistungsphase eine sorgsame Pflege erfährt. Unzureichende Kundenbetreuung kann deshalb ein Grund für Unzufriedenheit in der Nachleistungsphase sein.

Beispiel: Kundenbetreuung in der Nachleistungsphase

Bei der Analyse seines Kundenstamms hat der Chef von Elektro Nick festgestellt, dass ein Großteil des Unternehmenserfolgs von einigen wenigen Stammkunden bestimmt wird, mit denen er bereits seit vielen Jahren in Geschäftsbeziehung steht. Dieses Phänomen ist für Elektro Nicks Branche nicht untypisch. So spezialisiert sich ein Innenausstatter z.B. für den Bereich Küchenbau häufig auf wenige Kunden, die er dann aber umfassend und dauerhaft betreut. Oftmals vergehen zwischen den einzelnen Aufträgen von einem Kunden jedoch mehrere Jahre, sodass die Geschäftsbeziehung einer ständigen Pflege bedarf. Dies hat auch der Elektronikfachhändler erkannt, weshalb in seinem Unternehmen gezielt folgende Instrumente des Nachkaufmarketings zum Einsatz kommen:

1. Produktbegleitende Informationen wie Broschüren und Gebrauchsanweisungen
2. Nachkaufberatung im Hinblick auf die Pflege und Instandhaltung der Produkte
3. Reparatur und Wartung
4. Freiwillige Garantiezusagen
5. Kundenbriefe und Newsletter
6. Befragungen zur Erfassung der Kundenzufriedenheit

7. Beschwerdemanagement
8. Übernahme des Wiederverkaufs gebrauchter Produkte – soweit dies der Individualisierungsgrad des Möbelstücks erlaubt
9. Entsorgung und Recycling alter Produkte bei einer Neuanschaffung

Die Liste im Beispiel veranschaulicht einige gängige Instrumente des Nachkaufmarketings. Am besten lassen Sie bei der Entwicklung Ihres eigenen Konzepts Ihrer Fantasie freien Lauf. Denn wie alle absatzpolitischen Maßnahmen hängt auch die Ausgestaltung des Nachkaufmarketings von den Bedingungen der jeweiligen Branche und von den branchen- bzw. produktspezifischen Bedürfnissen der Kunden ab.

Beispielsweise wird das Investitionsgütergeschäft, wo enge, langfristige Geschäftspartnerschaften die Regel sind, andere Anforderungen an das Nachkaufmarketing stellen als die Konsumgüterbranche. Ebenso erfordern stark erklärungsbedürftige Produkte und Dienstleistungen eine intensivere Nachkaufbetreuung als problemlose Produkte und Dienstleistungen.

✔ Versetzen Sie sich in die Rolle Ihres Kunden. Stellen Sie sich vor, welche Probleme die Dienstleistung bei ihm hervorrufen könnte und wie Sie als Anbieter ihm das Leben erleichtern könnten. Gleichzeitig sollten Sie den Kontakt zu Ihrem Kunden aufrechterhalten und so in eine dauerhafte Kundenbeziehung investieren. Aus diesem Grund ist Nachkaufmarketing mehr als nur die Beilage einer Gebrauchsanweisung. Es ist gelebtes Beschwerdemanagement und sollte ebenfalls ein wichtiger Baustein Ihres Marketingplans sein.

VIII. Die abschließende Erfolgskontrolle

Entwickeln Sie eine Balanced Scorecard und überprüfen Sie damit den Stand der Aktivitäten und der Zielerreichung Ihres Marketingplans:

Perspektive	Grundfrage	Ziele	Kennzahlen
Lern- und Entwicklungsperspektive	Wie können wir unsere Veränderungs- und Wachstumspotenziale fördern, um unsere Vision zu verwirklichen?	Schaffung der für das Erreichen der Ziele der anderen Perspektiven notwendigen Infrastruktur	Mitarbeiterzufriedenheit
			Mitarbeitertreue
			Mitarbeitermotivation
			Informationsnutzung
Interne Prozessperspektive	In welchen Geschäftsprozessen müssen wir die Besten sein, um unsere Teilhaber und Kunden zufriedenzustellen?	Ausrichtung der internen Prozesse auf die Ziele der Kunden und Anteilseigner, Steuerung mithilfe eines umfassenden Performance-Measurement-Systems	Prozesszeit, -qualität, -kosten
			Innovationszeit
			Innovationsqualität
			Innovationskosten
			Kundendienstqualität
Kundenperspektive	Wie sollen wir gegenüber unseren Kunden auftreten, um unsere Vision zu verwirklichen?	Identifikation der Kunden- und Marktsegmente, in denen das Unternehmen tätig und wettbewerbsfähig sein will	Kundenzufriedenheit
			Kundenrentabilität
			Kundentreue
			Kundenakquisition
			Marktanteil
Finanzperspektive	Wie sollen wir gegenüber Teilhabern auftreten, um finanziellen Erfolg zu erzielen?	Ertragswachstum	Umsatzwachstumsrate
			Neuproduktanteil
			Rentabilität
		Kostensenkung/Produktivitätssteigerung	Mitarbeiterproduktivität
			Kostensenkungsrate
			Kostenanteile
		Nutzung von Vermögenswerten	Investitionsanteil
			Kapitalrentabilität
			Working Capital

Abb. 35: Erfolgskontrolle

10. Kapitel

10

So begeistern Sie die Adressaten: das Executive Summary

Zehntes Gebot: Das Executive Summary muss überzeugen

Fassen Sie Ihren Marketingplan in einem Executive Summary kurz und prägnant zusammen. Die Darstellung muss den Adressaten begeistern und überzeugen können.

Der vorliegende Praxisratgeber richtet sich an Inhaber, Geschäftsführer, aber auch Studierende und alle, die einen praxisorientierten Marketingplan erstellen möchten, der strengsten Anforderungen aus Theorie und Praxis genügt.

Es empfiehlt sich, ähnlich wie bei einem Businessplan, auch bei einem Marketingplan ein ein- bis zweiseitiges „Executive Summary" an den Anfang zu stellen. Das Executive Summary ist nicht als Einführung, sondern als komprimierte Darstellung der darauf folgenden Ausführungen zu verstehen. Da die Anforderungen an eine derart komprimierte Zusammenfassung sehr hoch sind, sollten Sie das Executive Summary erst nach weitgehender Fertigstellung des Marketingplans erstellen. Genau aus diesem Grund kommt der Hinweis auf das Executive Summary auch erst am Schluss dieses Praxisratgebers.

Alle weiteren Bausteine des Marketingplans sind im Buch ausführlich erläutert. Bleibt nur noch, Ihnen gutes Gelingen bei der Erarbeitung Ihres Marketingplans zu wünschen, ganz nach dem Motto: Der Weg ist das Ziel. Auf dem Weg zu Ihrem Marketingplan werden Sie nämlich sehr viel über Ihr Unternehmen erfahren und bereits in dieser Phase sehr vieles verbessern.

Im Executive Summary sollten sich auf einer bzw. maximal zwei Seiten Antworten auf die folgenden Fragen finden:

Checkliste: Executive Summary	Antwort
☐ *Worin liegen die Chancen und die Risiken Ihres Unternehmens aus Marktsicht?*	
☐ *Was sind die Stärken, was die Schwächen Ihres Unternehmens?*	
☐ *Welche Marketingziele und -strategien verfolgt Ihr Unternehmen?*	
☐ *Welche preispolitischen Maßnahmen sind geplant?*	
☐ *Welche produktpolitischen Maßnahmen sind geplant?*	
☐ *Welche vertriebspolitischen Maßnahmen sind geplant?*	
☐ *Welche kommunikationspolitischen Maßnahmen sind geplant?*	
☐ *Wie wird die Zielerreichung des Marketingplans gesteuert und überwacht?*	

Glossar

Add to basket...	Add to basket bedeutet bei einem Onlinekauf „zum Warenkorb hinzufügen“.
BEP	BEP steht für Break-even-Point/Gewinnschwellenanalyse. Der Break-even-Point gibt den Zeitpunkt an, zu dem das Unternehmen die Gewinnschwelle erreicht und ab dem es Gewinne erzielt.
Bounce Rate.....	Als Bounce Rate (Absprungrate) wird der prozentuale Anteil von Besuchern einer Homepage bezeichnet, die die Seite wieder verlassen, ohne eine weitere Unterseite der jeweiligen Domain aufzurufen.
BSC	BSC steht für Balanced Scorecard: Die Balanced Scorecard ist ein ausgewogenes Kennzahlen-/Zielsystem eines Unternehmens mit den folgenden vier Standardperspektiven: die finanzielle Perspektive, die Kundenperspektive, die interne Geschäftsprozessperspektive sowie die Lern- und Entwicklungsperspektive.
Canvas	Das Business Model Canvas dient als Werkzeug zur Entwicklung und Visualisierung von Geschäftsmodellen.
Churn Rate	Die Churn Rate (Absprungrate) gibt an, wie viele Kunden eines Unternehmens über einen bestimmten Zeitraum im Vergleich zum bestehenden Kundenstamm abgesprungen sind.

CI .... CI steht für Corporate Identity. Die Corporate Identity ist das Erscheinungsbild eines Unternehmens in der Öffentlichkeit. Die Corporate Identity drückt sich in der einheitlichen Gestaltung aller Kommunikationsmittel (Corporate Design), im Verhalten der Mitarbeiter (Corporate Behaviour) und allen Kommunikationsmaßnahmen (Corporate Communication) aus.

CLV .... CLV steht für Customer Lifetime Value und dient der Bestimmung der Rentabilität von Kunden: Die Kernidee besteht darin, den Kundenwert entsprechend der Dauer der Geschäftsbeziehung zu betrachten. Der Customer Lifetime Value ist der Betrag, der sich als kumuliertes Ergebnis aller Aufträge mit einem Kunden im Zeitablauf der Geschäftsbeziehung ergibt.

Conversation Rate .... Die Conversion Rate beschreibt das Verhältnis zwischen Website-Besuchern und getätigten Transaktionen.

CPC.................. CPC steht für Cost per Click, also eine Abrechnungsform, die die Kosten einer Onlinekampagne daran bemisst, wie häufig das Werbemittel angeklickt wurde.

CPL .... CPL steht für Cost per Lead, also eine Abrechnungsform, die den Erfolg einer Onlinekampagne daran bemisst, wie viele Adressen potenzieller Kunden in ihrem Verlauf generiert werden konnten.

CPM................. CPM steht für Cost per Mile, also der Preis, der für 1.000 Werbemittelkontakte anfällt.

CPO.................. CPO steht für Cost per Order: Bei diesem Abrechnungsmodell werden die Kosten einer Onlinekampagne davon abhängig gemacht, wie viele Verkäufe der Werbetreibende durch die Onlinekampagne in seinem Onlineshop tätigen konnte.

CPX.................. CPX ist der übergeordnete Begriff für erfolgsbasierte Abrechnungsmodelle. Das X dient dabei als Platzhalter.

CRM.................	CRM steht für Customer Relationship Management bzw. Kundenbeziehungsmanagement und bedeutet die systematische und ganzheitliche Ausrichtung des Unternehmens auf die Bedürfnisse und Wünsche der Kunden, u.a. Aufbau und Pflege individueller Kundenbeziehungen mithilfe moderner Datenverarbeitungsmöglichkeiten.
Crosschannel-Marketing	Crosschannel-Marketing beschreibt den Kauf eines Produkts oder einer Dienstleistung über alle Kanäle hinweg. Kunden können damit während des Shoppingprozesses von einer Plattform zur anderen wechseln, also beispielsweise ein Produkt online kaufen und es im Laden abholen. Man spricht in diesem Zusammenhang von „Click and Collect" oder „ In-Store Pick Up". Auch beim Crosschannel Retailing bleiben die Kanäle selbst aber technisch und organisatorisch getrennt.
Customer Journey............	Unter einer Customer Journey wird die „Reise" eines (potenziellen) Kunden über verschiedene Kontaktpunkte (Touchpoints) mit einem Produkt, einer Marke oder einem Unternehmen bezeichnet, bis der Kunde eine gewünschte Zielhandlung durchführt.
Exit Rate	Als Exit Rate wird im Bereich Web Analytics der prozentuale Anteil der Besucher einer Seite bezeichnet, der den Webauftritt auf genau dieser Seite wieder verlässt. Im Gegensatz zur Absprungrate (Bounce Rate), mit der die Ausstiegsrate oft verwechselt wird, liegen bei der Ausstiegsrate mehrere Seitenaufrufe auf der Webseite vor.
FRAP	FRAP steht für Frequenz-Relevanz-Analyse für Probleme. Alle Situationen, in denen aus Kundensicht Probleme auftreten können, werden nach ihrer Häufigkeit und Relevanz bewertet.

Multichannel-Marketing .... Multichannel-Marketing steht für den Direktverkauf an Endkunden bei gleichzeitiger Nutzung von zwei oder mehr Vertriebskanälen, also etwa Laden, Katalog und Internet. Multichannel Retailer versuchen, Preise und Promotion plattformübergreifend konsistent zu halten. Die Kanäle selbst und die darunterliegenden Systeme werden aber komplett getrennt geführt.

Omnichannel-Marketing .... Beim Omnichannel-Marketing verschmelzen die einzelnen Vertriebskanäle zu Kontaktpunkten (Touchpoints) in einem gemeinsamen Einkaufsumfeld, das den Verbraucher umgibt. Alle Produkt- und Kundendaten sind zentralisiert und werden umgehend aktualisiert. Der Shopper hat Zugriff auf das Gesamtinventar, egal wo es sich befindet, und genießt eine durchgängige, konsistente und personalisierte Shoppingerfahrung, wo auch immer er seinen Einkauf startet, tätigt und abschließt.

POS .... POS steht für Point of Sale: z.B. Verkaufsstelle, Ladengeschäft

PR .... PR steht für Public Relations: Öffentlichkeitsarbeit. Bestandteil der Kommunikationspolitik. Public Relations beinhalten die zielgerichtete, aktive Gestaltung von Kommunikationsbeziehungen mit dem Ziel, Bekanntheitsgrad und Image positiv zu beeinflussen, um ergänzend zur Werbung verkaufsfördernde Effekte zu erzielen.

SMART .... Ziele sollen spezifisch, messbar, attraktiv, realistisch, terminiert sein.

SMART-Shopper .... Der Smart-Shopper ist ein qualitätsbewusster und informierter Käufer, der maximale Qualität zu niedrigstem Preis bzw. Rabatten nachfragt (kein Schnäppchenjäger). SMART-Shopper werden auch umschrieben als: selbstbewusst, markenorientiert, aufgeklärt, rabattorientiert und taktlos.

SWOT .... SWOT steht für strengths, weaknesses, opportunities und threats bzw. Stärken, Schwächen, Chancen und Risiken. In der strategischen Analyse werden den Chancen und Risiken der externen Markt- und Branchensicht die Stärken und Schwächen des eigenen Unternehmens gegenübergestellt und die Bedrohungen und Gelegenheiten abgeleitet.

TLM .... Total Loyalty Management (oft auch als Total Loyalty Marketing bezeichnet, dieser Begriff geht allerdings in Bezug auf Unternehmensphilosophie zu wenig weit). Unter Kundenloyalität im Allgemeinen wird die freiwillige Entscheidung zum Wiederkauf, also mehr als nur eine zufällige Anzahl von Wiederholungskäufen verstanden. Als loyal wird ein Kunde dann bezeichnet, wenn er aus eigener Überzeugung bewusst wiederholt bei ein und demselben Anbieter kauft und dieses Geschäft auch weiterempfiehlt.

USP .... USP steht für Unique Selling Proposition bzw. Alleinstellungsmerkmal gegenüber dem Wettbewerb. USP ist die Betonung eines spezifischen Nutzens des Produkts und der Dienstleistung für die angesprochene Zielgruppe, die Wettbewerber nicht aufweisen können. Der besondere Nutzen, die Einzigartigkeit, kann dabei physischer, psychischer, sozialer, örtlicher, zeitlicher oder geldwerter Art bzw. eine Kombination daraus sein.

Wertschöpfungskette................ Eine Wertschöpfungskette bildet die strategisch relevanten und sich gegenseitig bedingenden Tätigkeiten eines Unternehmens ab. Ziel dieser Aktivitäten ist die Schaffung eines erfolgreichen marktfähigen Produkts mit einem Mehrwert.

Literaturverzeichnis

Bozem, K., Nagl, A., Rath, V., Haubrock, A. (2013): Elektromobilität: Kundensicht, Strategien, Geschäftsmodelle. Ergebnisse der repräsentativen Studie FUTURE MOBILITY, Wiesbaden.

Bruhn, M. (2014): Marketing. Grundlagen für Studium und Praxis, 12., überarbeitete Aufl., Wiesbaden.

Bruhn, M., Meffert, H. (Hrsg.) (1998): Handbuch Dienstleistungsmanagement, Wiesbaden.

Deloitte (2014): Die Chance Omnichannel. Eine Studie für eBay, online verfügbar unter: http://www.zukunftdeshandels.de/sites/all/themes/feed/img/Omnichannel-Report.pdf (Zugriff 04/2016).

Esch, F. (2014): Strategie und Technik der Markenführung, 8., vollständig überarbeitete und erweiterte Aufl., München.

Ettenson, R., Conrado, E., Knowles, J.: Rethinking the 4 P's. In: Harvard Business Review (01–02/2013), S. 2.

Faber, M. (2008): Open Innovation. Ansätze, Strategien und Geschäftsmodelle, Wiesbaden.

Gassmann, O., Enkel, E.: Open Innovation: Externe Hebeleffekte in der Innovation erzielen. In: Führung + Organisation (Nr. 3/2006), S. 132–138.

Grots, A., Pratschke, M.: Design Thinking – Kreativität als Methode. In: Marketing Review St. Gallen (02/2009), S. 18–23.

Heinemann, G. (2015): Der neue Online-Handel. Geschäftsmodell und Kanalexzellenz im Digital Commerce, 6., vollständig überarbeitete Aufl., Wiesbaden.

Helbig, S. (2015): ABC der Lead-Generierung. Wie Sie im Handumdrehen neue Kundendaten gewinnen und in den Verkaufsdialog starten, Berlin.

Homburg, C., Krohmer, H. (2006): Marketingmanagement. Strategie – Instrumente – Umsetzung – Unternehmensführung. 2. Aufl., Wiesbaden.

Hungenberg, H., Wulf, T. (2004): Grundlagen der Unternehmensführung, Berlin.

Kairies, P. (2006): So analysieren Sie Ihre Konkurrenz. Konkurrenzanalyse und Benchmarking in der Praxis, 7. Aufl., Renningen.

Kaplan, R., Norton, D. (1992): In Search of Excellence – der Maßstab muss neu definiert werden, HARVARDmanager, Ausgabe 4, S. 37–46.

Kaufmann, T. (2015): Geschäftsmodelle in Industrie 4.0 und dem Internet der Dinge. Der Weg vom Anspruch in die Wirklichkeit, Wiesbaden.

Kim, W. C., Mauborgne, R. (2005): Der Blaue Ozean als Strategie. Wie man neue Märkte schafft, wo es keine Konkurrenz gibt, München und Wien.

Knowles, R., Courtright, M.: Smart Data. Capturing Shopper insights at the Point of Experience. In: RESEARCH WORLD (09/2015), S. 54–57.

Kotler, P., Armstrong, G., Saunders, J. (2002): Grundlagen des Marketing, München.

Kreutzer, R. (2014): Praxisorientiertes Online-Marketing. Konzepte – Instrumente – Checklisten, 2., vollständig überarbeitete und erweiterte Aufl., Wiesbaden.

Kreutzer, R. (2015): Digitale Revolution. Auswirkungen auf das Marketing, Wiesbaden.

Lengert, J. (2007): Herausforderung Zukunft. Die Quadratur des Kreises?, München.

Magin, V., Meckes, R., Jesse, H.: Vielproduktunternehmen im Preisdschungel. Richtige Preise müssen kein Zufallstreffer sein, S. 1–9, online verfügbar unter: http://www2.simon-kucher.com/files/Whitepapers/whp_vielproduktunternehmen.pdf (Zugriff 04/2016)

Müller, H. D. (2004): Einsatz von Customer Relationship Management-Systemen. Bestimmungsgrößen, Ausprägungen und Erfolgsfaktoren, Wiesbaden.

Müller-Stewens, G., Lechner, C. (2005): Strategisches Management, 3. Aufl., Stuttgart.

Nagl, A. (2015): Der Businessplan. Geschäftspläne professionell erstellen. Mit Checklisten und Fallbeispielen, 8., überarbeitete und ergänzte Aufl., Wiesbaden.

Nagl, A. (2004): Dienstleistungsmarketing in der Augenoptik, Heidelberg.

Nielsen (2013): Skepsis gegenüber Werbung nimmt in Deutschland ab, online verfügbar unter: http://www.nielsen.com/de/de/insights/reports/2013/skepsis-gegenueber-werbung-nimmt-in-deutschland-ab.html (Zugriff 05/2016).

Osterwalder, A., Pigneur, Y. (2011): Business Model Generation, Ein Handbuch für Visionäre, Spielveränderer und Herausforderer, Frankfurt/New York.

Picot, A. (Hrsg.), Doeblin, S. (2009): Innovationsführerschaft durch Open Innovation. Chancen für die Telekommunikations-, IT- und Medienindustrie, Heidelberg.

Piller, F., Stotko, C. (Hrsg.) (2003): Mass Customization und Kundenintegration. Neue Wege zum innovativen Produkt, Düsseldorf.

Porter, M. (1995): Wettbewerbsstrategie. Methoden zur Analyse von Branchen und Konkurrenten, 8. Aufl., Frankfurt/Main.

Reichwald, R., Piller, F. (2009): Interaktive Wertschöpfung. Open Innovation, Individualisierung und neue Formen der Arbeitsteilung, 2., vollständig überarbeitete und erweiterte Aufl., Wiesbaden.

Sauerwein, E. (2000): Das Kano-Modell der Kundenzufriedenheit, Wiesbaden.

Schüller, A. (2012): Touchpoints. Auf Tuchfühlung mit dem Kunden von heute. Managementstrategien für unsere neue Businesswelt, 3., aktualisierte Aufl., Frankfurt.

Schüller, A., Fuchs, G. (2007): Total Loyalty Marketing. Mit begeisterten Kunden und loyalen Mitarbeitern zum Unternehmenserfolg, 4. Aufl., Wiesbaden.

Schwemm, M. (2014): Customer Journey-Analyse als neues Instrument im Marketingcontrolling. In: Klein, A. (Hrsg.): Marketing- und Vertriebscontrolling. Von Big Data über Pricing bis Social Media Controlling, München, S. 167–185.

Seidenschwarz, W. (1991): Target Costing – Ein japanischer Ansatz für das Kostenmanagement. In: Controlling, Ausgabe 4, S. 198–203.

Springer Gabler Verlag (Hrsg.), Gabler Wirtschaftslexikon, Stichwort: Lead-Generierung, online verfügbar unter: http://wirtschaftslexikon.gabler.de/Archiv/326737/lead-generierung-v4.html (Zugriff 03/2016)

Stauss, B., Seidel, W. (1998): Beschwerdemanagement: Fehler vermeiden, Leistung verbessern, Kunden binden, 2. Aufl., München.

Ternès, A., Towers, I., Jerusel, M. (2015): Konsumverhalten im Zeitalter der Mass Customization. Trends: Individualisierung und Nachhaltigkeit, Wiesbaden.

Theobald, A. (2008): Online-Marktforschung. In: Schwarz (Hrsg.), Leitfaden Online-Marketing. Das kompakte Wissen der Branche, 2. Aufl., Hamburg, S. 601–604.

Töpfer, A., Mann, A. (1999): Kundenzufriedenheit als Meßlatte für den Erfolg. In: Töpfer, A. (Hrsg.): Kundenzufriedenheit messen und steigern, 2. Aufl., Neuwied, Kriftel, S. 59–110.

Voeth, M., Herbst U. (2013): Marketing-Konzeption. Grundlagen, Konzeption und Umsetzung, Stuttgart.

Wimmer, F., Roleff, R. (1998): Beschwerdepolitik als Instrument des Dienstleistungsmanagements. In: Bruhn, M., Meffert, H. (Hrsg.): Handbuch Dienstleistungsmanagement, Wiesbaden, S. 265–285.

Stichwortverzeichnis